高等职业院校技能应用型教材·建筑工程系列

建筑智能测绘技术

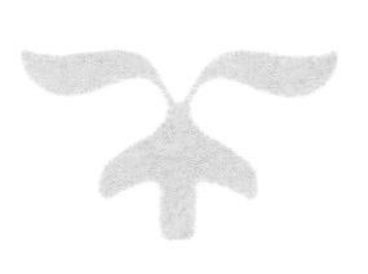

卢声亮　倪定宇　张　利　主　编
李建华　游家豪　刘润芳　副主编
甘　霖　魏晨阳　参　编

電子工業出版社
Publishing House of Electronics Industry
北京·BEIJING

内 容 简 介

本书根据《高等职业教育建筑工程技术专业教学基本要求》等国家标准及规范进行编写。全书分3个模块，共6个项目，即建筑工程测量、建筑数字测绘技术、无人机及激光扫描智能测绘3个模块；高程测量技术、角度测量技术、数字测图基础、数字测绘外业数据与内业数据处理、无人机智能测绘原理及过程、三维激光扫描技术6个项目。

本书内容丰富，且及时跟踪最新的国家标准规范和建筑测绘行业现代化的需要。为便于信息化教学，本书配有丰富的教学资源。本书课程思政从“格物、致知、诚意、正心、修身、齐家、治国、平天下”中国传统文化角度着眼，再结合社会主义核心价值观“富强、民主、文明、和谐、自由、平等、公正、法治、爱国、敬业、诚信、友善”，在课程内容中寻找相关的落脚点，通过案例、知识点等教学素材的设计运用，以润物细无声的方式将正确的价值观有效地传递给读者。

本书适合作为高职高专建筑工程技术等专业的专业课教材，也可作为相关培训机构的培训用书，还可作为相关工程技术人员的工作参考用书。

图书在版编目（CIP）数据

建筑智能测绘技术 / 卢声亮，倪定宇，张利主编 . —北京：电子工业出版社，2024.5
ISBN 978-7-121-47316-6

Ⅰ . ①建…　Ⅱ . ①卢… ②倪… ③张…　Ⅲ . ①智能技术－应用－建筑测量　Ⅳ . ① TU198-39

中国国家版本馆 CIP 数据核字（2024）第 040451 号

责任编辑：薛华强　　特约编辑：倪荣霞
印　　刷：固安县铭成印刷有限公司
装　　订：固安县铭成印刷有限公司
出版发行：电子工业出版社
　　　　　北京市海淀区万寿路 173 信箱　　邮编：100036
开　　本：787×1 092　1/16　印张：9.75　字数：262.1 千字
版　　次：2024 年 5 月第 1 版
印　　次：2025 年 5 月第 2 次印刷
定　　价：39.80 元

凡所购买电子工业出版社图书有缺损问题，请向购买书店调换。若书店售缺，请与本社发行部联系，联系及邮购电话：（010）88254888，88258888。

质量投诉请发邮件至 zlts@phei.com.cn，盗版侵权举报请发邮件至 dbqq@phei.com.cn。

本书咨询联系方式：（010）88254569，xuehq@phei.com.cn，QQ1140210769。

前　言

2020 年 8 月，中华人民共和国住房和城乡建设部等 13 部门联合发布了《关于推动智能建造与建筑工业化协同发展的指导意见》，我国智能建造落地实施的大幕已经拉开，急需培养大批从事智能建造的专业人才。建筑智能测绘作为智能建造领域的关键支持技术，也在这一大背景下得到了更多的关注，建筑智能测绘的教材建设十分迫切。

本书以建筑智能测绘的应用需求为导向、以建筑智能测绘的专业基础知识和关键技术为主线进行编写。本书以广州南方测绘科技股份有限公司生产实践案例为引领，以温州职业技术学院国家级虚拟仿真基地平台为依托，由温州职业技术学院一线授课教师组成编写团队，在简化传统工程测量理论并加入智能测绘新技术的基础上，将知识点模块化、项目化。本书按照高等职业技术教育培养目标和培养要求，调整建筑工程测量模块理论与实践知识内容比重，详细讲解建筑数字测绘技术，对无人机智能测绘及激光扫描基本原理与生产实践作业过程进行详细讲述，特色鲜明，知识系统完善。

本书分 3 个模块，共 6 个项目。模块一为建筑工程测量，模块二为建筑数字测绘技术，模块三为无人机及激光扫描智能测绘。项目 1 为高程测量技术，主要阐述水准测量原理、高程测量方法、二等水准测量等内容；项目 2 为角度测量技术，主要阐述水平角测量原理、全站仪测水平角的操作流程、一级导线测量等内容；项目 3 为数字测图基础，主要阐述数字地图与数字测图、数字测图基本原理等内容；项目 4 为数字测绘外业数据与内业数据处理，主要阐述数字测绘外业数据、图根控制测量、数字测绘内业数据处理等内容；项目 5 为无人机智能测绘原理及过程，主要阐述无人机航测系统构成、无人机航摄作业流程等内容；项目 6 为三维激光扫描技术，主要阐述激光扫描成果类型、南方测绘激光扫描产品等内容。

本书由温州职业技术学院卢声亮、倪定宇、张利担任主编，李建华、游家豪、刘润芳担任副主编，广州南方测绘科技股份有限公司甘霖、魏晨阳参与编写。本书具体编写分工如下：项目 1 由卢声亮编写，项目 2 由李建华编写，项目 3 由游加豪编写，项目 4 由甘霖编写，项目 5 由倪定宇编写，项目 6 由魏晨阳编写，全书统稿工作由卢声亮、倪定宇负责。本书在编写过程中，参考了大量国内外教材、专著、论文和研究报告，广联达科技股份有限公司提供了部分案例，温州职业技术学院丁斌教授、刘跃伟高级工程师参与了教材目录的讨论，在此对相关资料的作者及给予帮助的同仁一并表示感谢。

由于编者的水平和时间有限，书中不当之处在所难免，敬请广大读者批评指正。

编　者

目录

CONTENTS

模块一

建筑工程测量

项目 1

高程测量技术

知识目标：

- 理解水准测量的基本原理；
- 掌握水准仪、水准尺的构造、使用方法。

微课视频

技能目标：

- 能操作电子水准仪及配套设备完成外业任务；
- 能进行内业数据处理；
- 能进行水准测量的误差分析。

思政目标：

- 通过了解测量发展史，推进文化传承，树立民族自豪感。

思维导图：

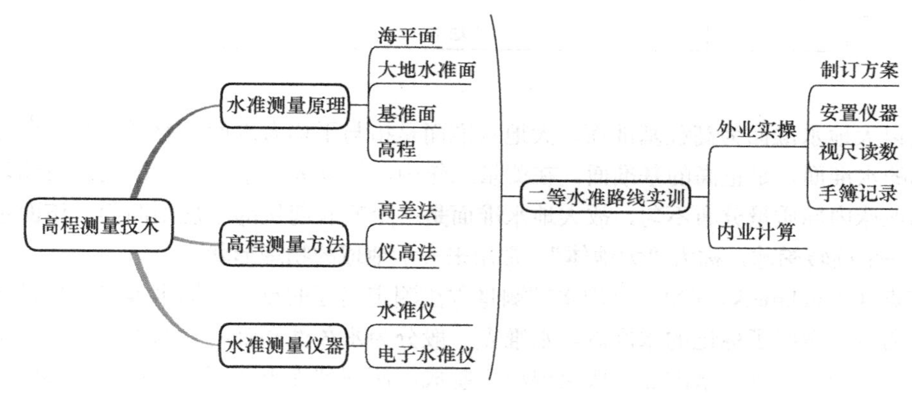

引导案例

测量工具的产生

测量工具产生于建筑、农田、水利建设等生产、生活的需要。中国的上古时代，为了治水开始了水利工程测量工作。《史记》中对夏禹治水有描述："陆行乘车，水行乘船，泥行乘橇，山行乘檋（jú），左准绳，右规矩，载四时，以开九州，通九道，陂九泽，度九山。"这记录的是当时的工程勘测情景。准绳和规矩就是当时所用的测量工具，准是可揆平的水准器，绳是丈量距离的工具，规是画圆的器具，矩则是一种可定平、测长度、高度、深度和画矩形的通用测量仪器。

【启发提问】：查阅资料，为什么珠穆朗玛峰的海拔有几个不同的数据？这些数据是如何测得的呢？

1.1 水准测量原理

在工程中需要确定某地面点的高程，相应进行的测量工作叫高程测量。高程测量使用的仪器叫水准仪，因此又称水准测量。也可以用三角高程测量和 GNSS 等方法测量某地面点高程。本项目讲述应用较广的水准测量。

水准测量的工作原理（见图 1-1）是利用水准仪测量地面两点之间的高差，根据已知点高程与测得的高差计算另一点的高程。地面某点高程与基准面的选择有关，基准面称为高程基准面。

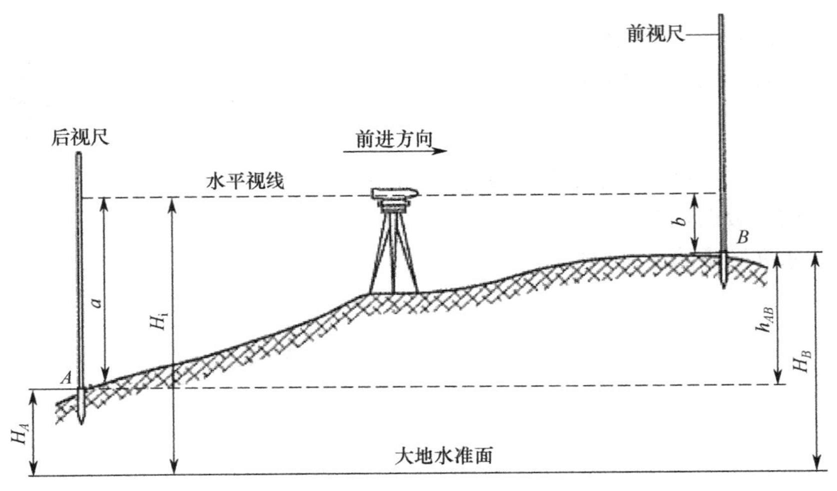

图 1-1 水准测量原理示意图

一般以大地水准面为高程基准面。大地水准面是指与平均海水面（海平面）重合并延伸到大陆内部的水准面，是正高的基准面。在测量工作中，均以大地水准面为依据。因地球表面起伏不平和地球内部质量分布不匀，故大地水准面是一个略有起伏的不规则曲面。该面包围的形体近似于一个旋转椭球，称为“大地体”，常用来表示地球的物理形状。

水准点（Benchmark，BM）是用水准测量方法测定高程的点。已知水准点指的是测绘部门已经提前测定并做好了标记的水准点。水准点一般分为永久性和临时性两大类。国家水准点一般做成永久水准点。永久水准点一般由混凝土制成，深埋到冻土线下，标石的顶部埋有耐腐蚀的半球状金属标志。水准点也可设在稳定的墙角上。临时水准点可用大木桩打入地下，顶面钉一铁钉，也可利用地面突出的坚硬岩石进行设置。

为了确定我国平均海平面的位置，在青岛建立验潮站，验潮站内的进水管与黄海相通。以 1950 年至 1956 年间，青岛验潮站获得的平均海水面作为高程基准面，在青岛观象山设置国家水准原点（青岛原点），如图 1-2（a）所示，采用精密水准测量的方法精确测得水准原点高程为 72.289 m，称为黄海高程系统。由于上述数据观测时间较短、精度较低，最终又选用验潮站 1952 年至 1979 年的验潮资料进行严格推算，得出水准原点的高程为 72.260 m，称为 1985 年国家高程基准。

由于国家水准原点实际高程并非为海拔 0 m，2006 年 5 月，经国家测绘局批准，由专家精确移植水准原点的信息数据，在青岛银海大世界内建起了“中华人民共和国水准零点”，如图 1-2（b）所示。

(a) 国家水准原点

(b) 中华人民共和国水准零点

图 1-2　水准原点与水准零点

水准零点、水准原点、海平面关系如图 1-3 所示。

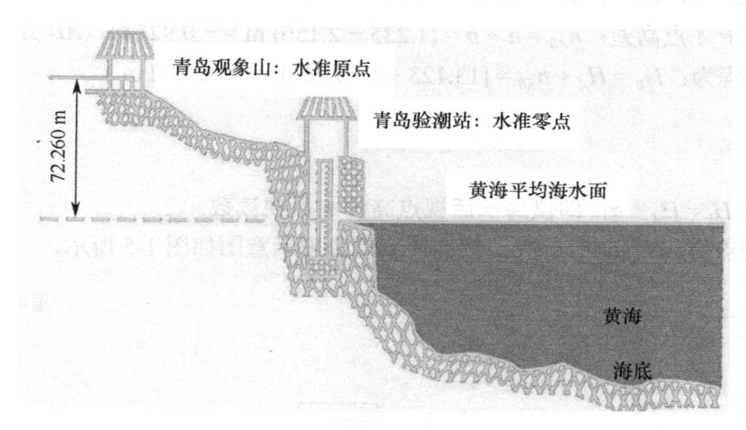

图 1-3　水准零点、水准原点、海平面关系

综上，高程是指某点沿铅垂线方向到某基准面的距离（高为正，低为负）。高程分为绝对高程、相对高程两种。如图 1-4 所示，H_A 为 A 点的绝对高程，H_B 为 B 点的绝对高程；H'_A 为 A 点的相对高程，H'_B 为 B 点的相对高程。高差是指两点间高程的差 h_{AB}。

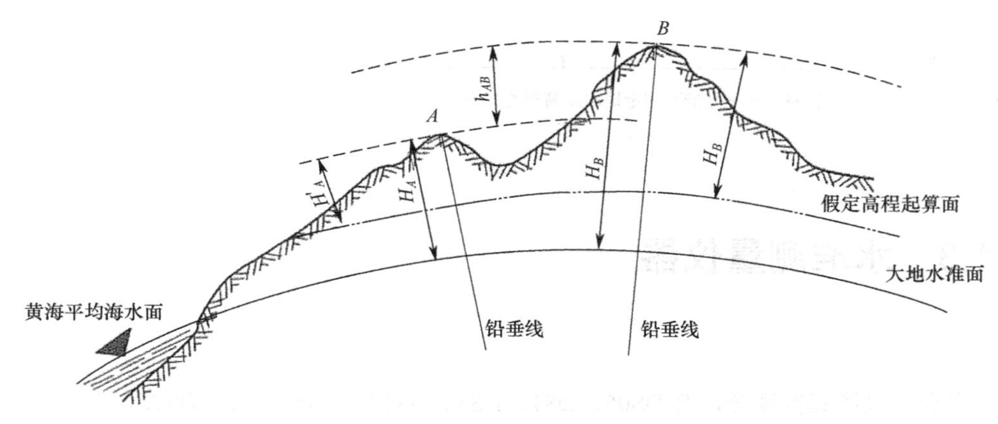

图 1-4　高程示意图

1.2 高程测量方法

通常，已知 A 点高程 H_A 求 B 点高程的方法有两种：高差法和仪高法。

1.2.1 高差法

已知高程点 A 点是后视点，在 A 点立的尺为后视尺，读数为后视读数，记作 a。

待求高程点 B 点是前视点，在 B 点立的尺为前视尺，读数为前视读数，记作 b。

根据高差的定义，可求出 AB 两点的高差为 $h_{AB}=a-b$；A 点高程 H_A 已知，则 B 点高程：

$$H_B=H_A+h_{AB}$$

【例 1-1】沿 AB 方向测量，已知 A 点高程 $H_A=13.123$ m，水准仪读出后视读数，$a=1.235$ m，前视读数 $b=2.156$ m，求 B 点高程 H_B。

解：B 点对于 A 点高差：$h_{AB}=a-b=(1.235-2.156)\ \text{m}=-0.921\ \text{m}$（$AB$ 方向是下坡）

B 点高程为：$H_B=H_A+h_{AB}=[13.123+(-0.921)]\ \text{m}=12.202\ \text{m}$

1.2.2 仪高法

先计算仪高 $H_i=H_A+a$，即仪高 = 后视点高程 + 后视读数。

再计算前视点高程：$H_B=H_i-b$。仪高法测量原理示意图如图 1-5 所示。

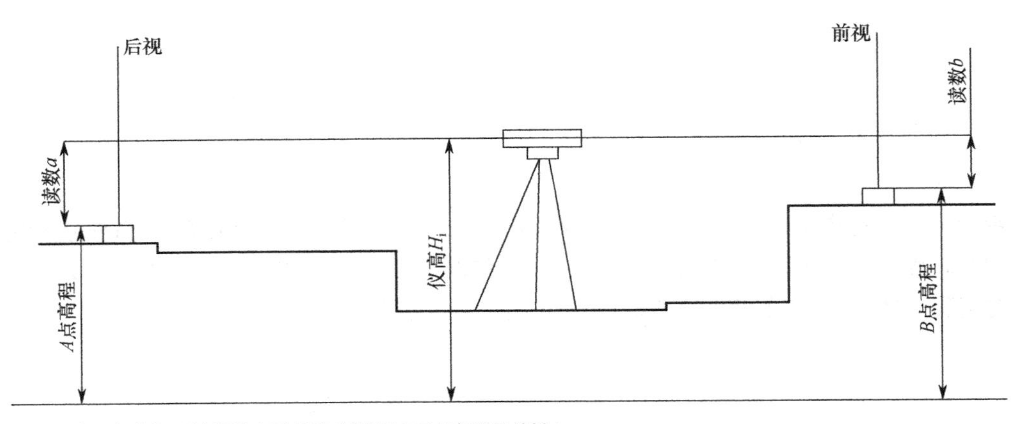

图 1-5 仪高法测量原理示意图

1.3 水准测量仪器

1.3.1 水准仪

国产水准仪按其精度分，有 DS05、DS1、DS3、DS10 等几种型号。DS05、DS1 为精密水准仪，主要用于国家一、二等精密水准测量和精密工程测量；DS3 主要用于国家三、四等水准测量和常规建筑工程测量。“D”和“S”分别为“大地测量”和“水准仪”的汉语拼音首字母，下脚标“3”表示用该类仪器进行水准测量时，每千米往、返测得高差中数的偶然中误差值为±3 mm。该值低于 1 mm 的为精密水准仪。

按照构造不同，即根据所提供水平视线方式的不同，水准仪又分为利用管水准器来获得水平视线的微倾式水准仪和利用补偿器来获得水平视线的自动安平水准仪。

1. DS 型微倾式水准仪

DS 型微倾式水准仪的构造主要由望远镜、水准器和轴座三部分组成，如图 1-6 所示。转动微倾螺旋，可使望远镜与符合管水准器在垂直面内作同步的微小仰俯运动，快速达到符合管水准器气泡居中、仪器调平的目的。主要用于国家三、四等水准测量。

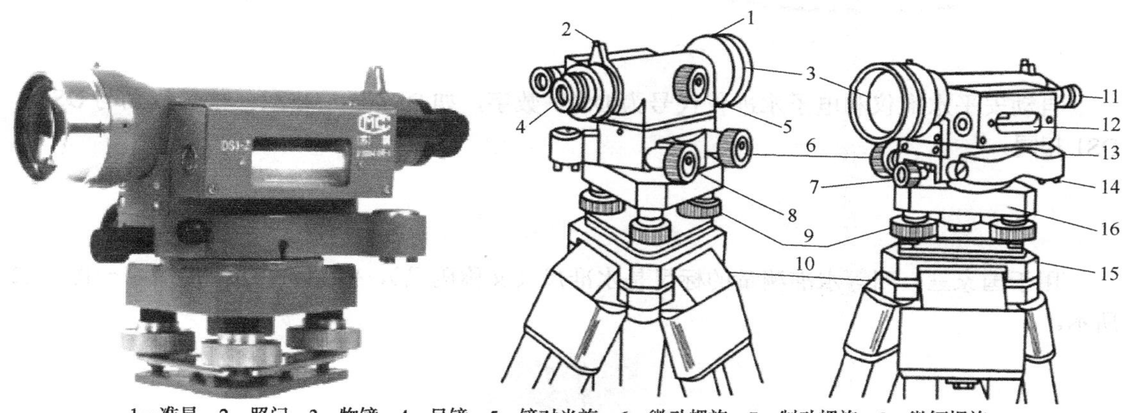

1—准星；2—照门；3—物镜；4—目镜；5—镜对光旋；6—微动螺旋；7—制动螺旋；8—微倾螺旋；
9—脚螺旋；10—三脚架；11—符合水准器观察镜；12—管水准器；13—圆水准器；
14—圆水准器校正螺；15—三角形底板；16—轴座。

图 1-6　DS 型微倾式水准仪的构造

2. 自动安平水准仪

自动安平水准仪（见图 1-7）又称补偿器水准仪，它的构造特点是利用自动安平补偿器代替 DS 型微倾式水准仪的管水准器和微倾螺旋。使用时只要使圆水准器的气泡居中，将仪器粗平后即可借助仪器内的补偿器调整补偿视线不水平问题，提高观测精度快捷观测。补偿器是一组棱镜，悬挂在仪器内，利用重力原理在一定范围内自由摆动获得水平视线。自动安平水准仪具有操作简便、速度快、精度稳定、可靠的优点。

3. 电子水准仪

电子水准仪（见图 1-8）又称数字水准仪，它在自动安平水准仪的基础上加入自动采集数据、信息处理和获得自动记录观测值功能，即综合利用光学、机械、电子技术实现数字化图像处理功能，具有水准测量自动化的优势。电子水准仪可以自动显示高程和距离，用于国家一、二等水准测量。

电子水准仪读数没有人为读数误差，尺子是条码分划形式且可以利用仪器多次读数取平均值，精度高，减少了读数不熟练的人员的误读等影响。电子水准仪不需要报数、听测、现场计算等环节，测量精度高、效率高。操作者通过“测量”等按键即可获取数据。外业实现记录、检核、处理，外业结束后数据可以导入计算机。

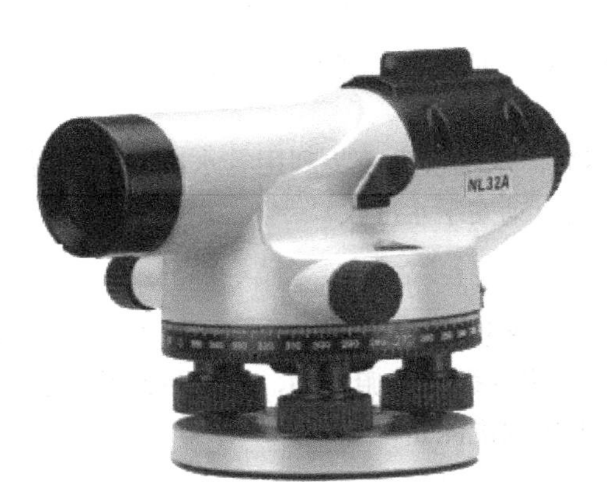

图 1-7 自动安平水准仪

图 1-8 电子水准仪

自动安平水准仪和电子水准仪代号为 DSZ+ 数字，如 DSZ05、DSZ1，仪器级别与 DS05、DS1 相同。

1.3.2 水准尺和尺垫

用于国家三、四等水准测量的标尺是水准尺（又称码尺），常见的码尺如图 1-9 ～图 1-12 所示。

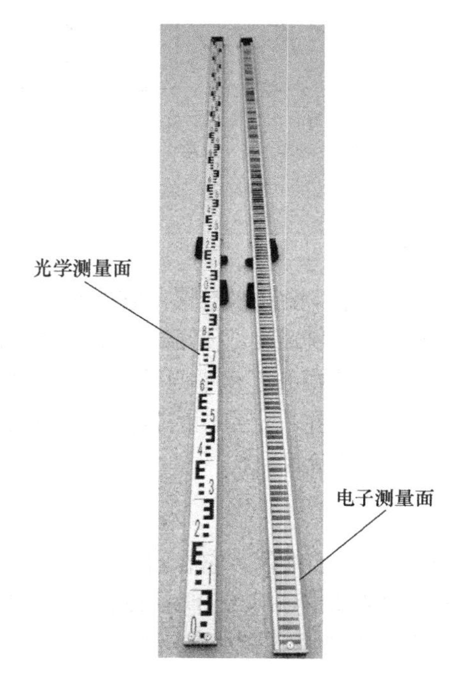

图 1-9 玻璃钢条码尺（双面）

水准尺尺长 3 m，两根为一副。尺面每隔 1 cm 涂以黑白或红白相间的分格，每分米处皆注有数字，“E”的最长分划线为分米的起始，读数时直接读取米、分米、厘米，估读毫米，记录数据以米或毫米为单位。尺子底面钉有铁片，以防磨损。涂黑白相间分格的一面称为黑面尺

（也称主尺），另一面为红白相间，称为红面尺（也称辅尺）。在水准测量中，水准尺必须成对使用，每对双面水准尺的黑面尺底部的起始数均为零，而红面尺底部的起始数分别为 4 687 mm 和 4 787 mm，这个常数称为尺常数，用 K 来表示。两把尺红面注记的零点差为 0.1 m，其目的是检核水准测量作业时读数的正确性。在尺的侧面装有把手和圆水准器，可保持尺的稳定和竖直。水准尺常用优质木材、玻璃钢或铝合金制成，长度为 2 ～ 5 m 不等，根据构造可以分为双面水准尺、折尺和塔尺三种，后两种原理与双面水准尺类似，本文不再赘述。

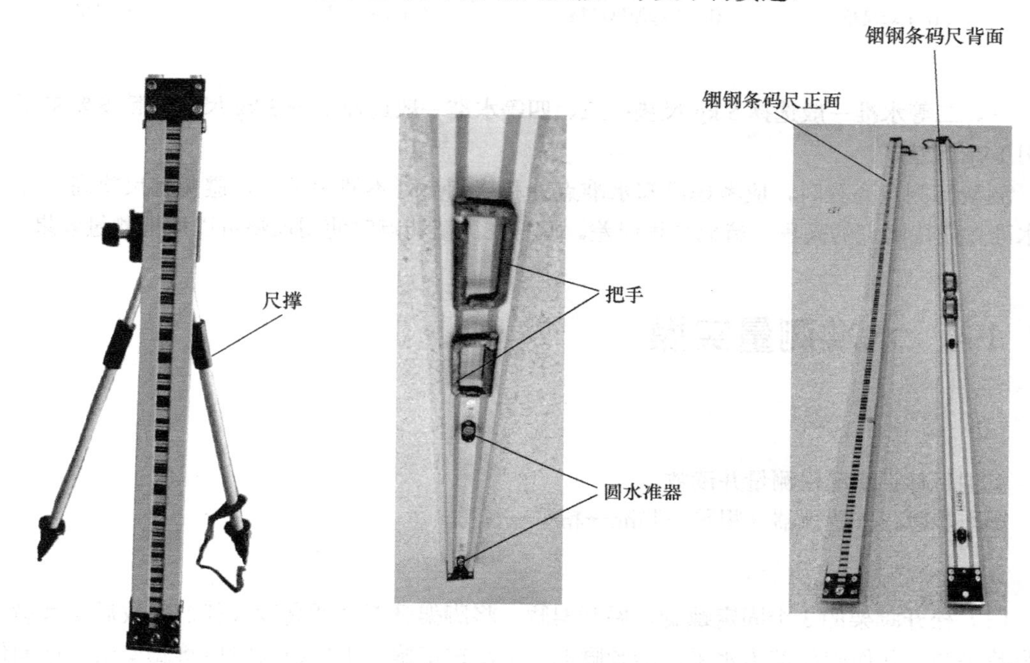

图 1-10　铟钢条码尺

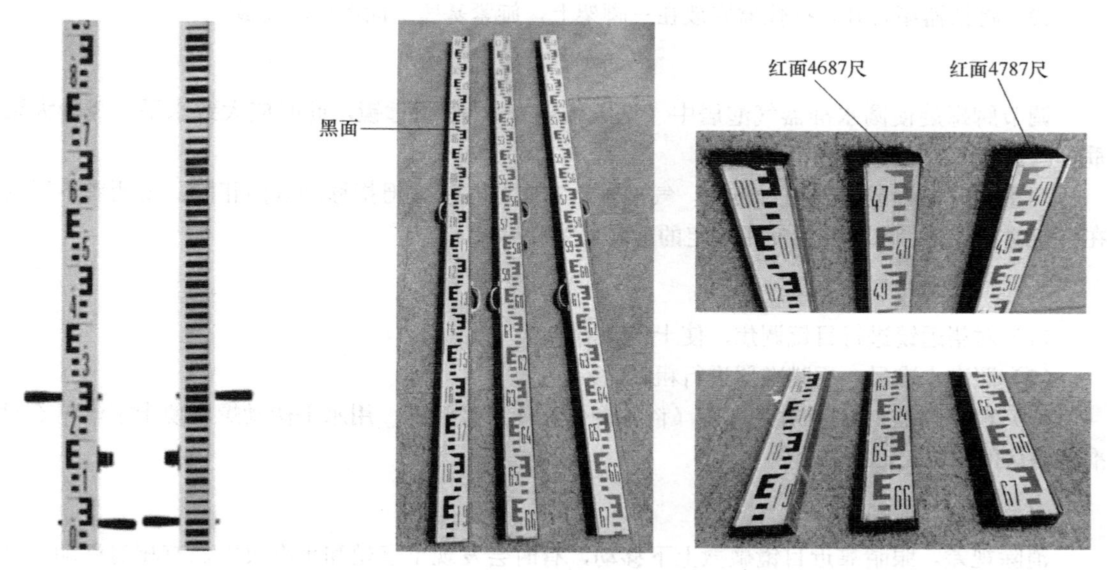

图 1-11　锰钢条码尺（双面）

图 1-12　红黑双面尺（木、铝）

尺垫与水准尺配套使用，常见的尺垫如图 1-13 所示。

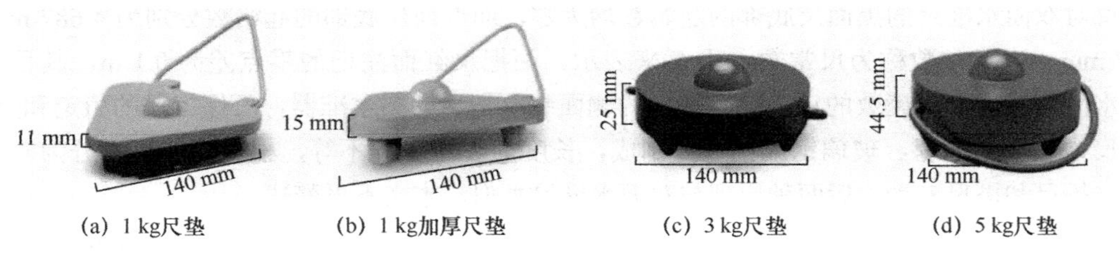

(a) 1 kg尺垫 (b) 1 kg加厚尺垫 (c) 3 kg尺垫 (d) 5 kg尺垫

图 1-13 常见的尺垫

一、二等水准一般选择 5 kg 尺垫；三、四等水准一般选择 1 ～ 3 kg 尺垫；精度要求不高的可用 1 kg 尺垫。

测量待测点高程时，应考虑已知水准点处和待测点处不使用尺垫，避免将尺垫高度计入已知水准点或待测点的高程，造成高程误差。但是在测量转点时使用尺垫可以保证测量效果。

1.4 水准测量实操

1.4.1 仪器操作与读数

实训目标：水准仪测量并读数。

操作步骤：安置仪器→粗平→瞄准→精平→读数。

1. 安置仪器

（1）松开脚架的 3 个固定螺旋，展开架腿，将脚架升至合适高度（仪器安放后望远镜大致与眼睛平齐）并使架头基本水平，旋紧脚架 3 个固定螺旋，土地松软时应将脚架踩入地面使脚架稳定不会轻微晃动。

（2）将仪器箱打开，把仪器安放在三脚架上，旋紧基座下面的中心螺旋。

2. 粗平

调节脚螺旋使圆水准器气泡居中（见图 1-14）。观察望远镜，此时应大致水平，竖轴大致垂直。

两手同时向内或向外相对转动，气泡移动方向与左手大拇指移动方向相同。观测者不得骑在脚架腿上观测。水准测量使用规定的配套尺垫和标尺。

3. 瞄准与精平

（1）对望远镜进行目镜调焦，使十字丝清晰。

（2）照准水准尺，用瞄准器进行粗瞄。

（3）精确瞄准：调节对光螺旋（俗称调焦）使尺像清晰，用水平微动螺旋使十字丝精确对准条码尺的中央。

4. 读数

消除视差。眼睛靠近目镜微微上下移动，有时会发现十字丝和水准尺影像有相对移动，这种现象称为视差。产生视差的原因是水准尺的尺像与十字丝分划板平面不重合。视差会带来读数误差，所以观测中必须将其消除，观测中要使目标的像与十字丝平面重合，当眼睛上下移动，两者没有错动现象为止。消除视差的步骤：在进行十字丝和物像的调焦时，都要先通过转动目镜调焦螺旋使十字丝经过“不清晰→清晰→最清晰→清晰→不清晰”循环后，再反转目镜调焦螺旋找到十字丝“最清晰”的位置；然后再转动物镜的调焦螺旋使物像经过“不清晰→清晰→最清晰→清晰→不清晰”后，再反转物镜调焦螺旋找到物像“最清晰”的位置，只有这样操作才能消除视差。

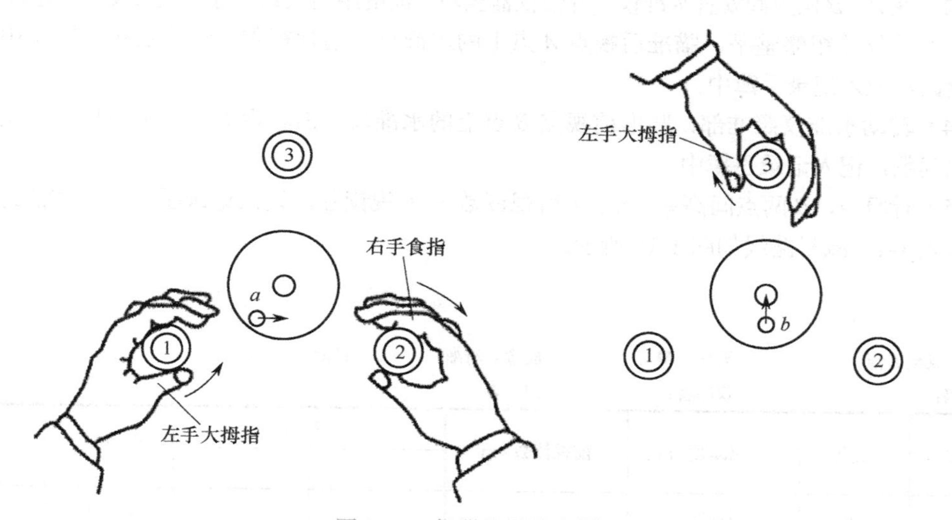

图 1-14　仪器整平示意图

当确认管水准器气泡居中后，应立即读取十字丝中丝在水准尺上的读数。

用十字丝横丝切尺上的刻线直接读出米、分米和厘米数，并估读出毫米数，保证每个读数均为四位数，即使某位数是零也不可省略。读数后立即检查气泡是否居中，如果不居中则需要调整后重新读数。图 1-15 应读数：0.995 mm。

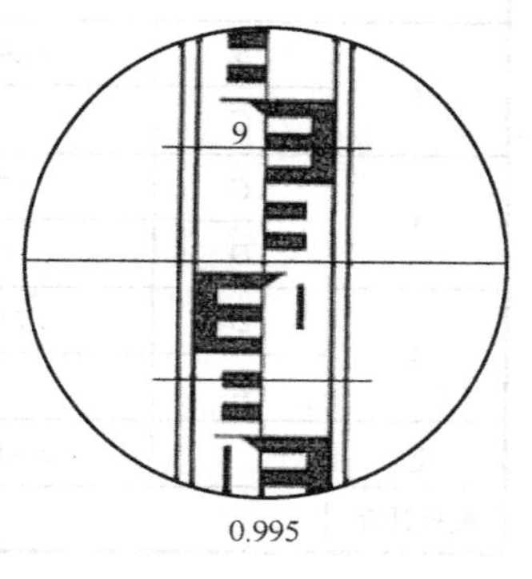

图 1-15　读数

以上水准仪是光学水准仪，需要照准尺子的数字一面，人工瞄准读数。而对于电子水准仪，则配合条形码尺，自动显示高程和距离，因此水准测量速度快且精度较高。

上述测量任务中对于电子水准仪只需要操作前三步，第四步仪器可以自动读数。电子水准仪有以下几点需要设置，设置好后，按照测量程序进行测量。

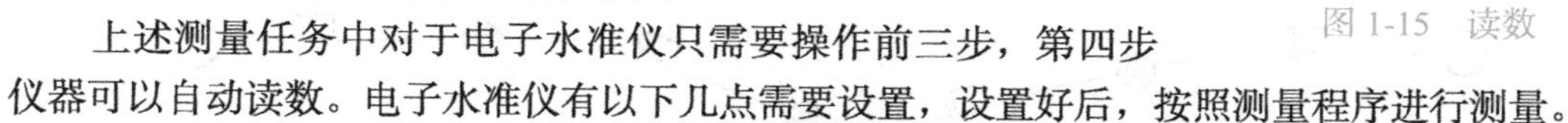

（1）开机前必须确认电池已充好电，仪器应和周围环境温度相适应。

（2）用 ON/OFF 键启动仪器，待仪器进入工作状态后，可根据选项设置测量模式。

（3）选项有 3 种，即单次测量、路线水准测量、校正测量。

（4）测量模式有 8 种，即后前、后前前后、后前后前、后后前前、后前（奇偶站交替）、后前前后（奇偶站交替）、后前后前（奇偶站交替）、后后前前（奇偶站交替），可选用适当的测量模式进行测量。

（5）可直接输入点号、点名、线名、线号以及代号信息。

（6）可直接设定正 / 倒尺模式。

1.4.2 实训任务

任务内容：普通水准测量仪器操作与读数。

按照安置仪器、粗平、瞄准和读数的步骤操作。测定地面上两点间高差，操作步骤如下。

（1）在地面选定 A、B 两个坚固的点，并在点上立水准尺。

（2）在 A、B 两点间安置水准仪，并使仪器至两点间的距离大致相等，最大视距不超过 150 m。

（3）将仪器粗略整平，瞄准后视点 A 点上的水准尺，消除视差，精平后用十字丝中丝读取后视读数，记入记录手簿中。

（4）转动水准仪照准部，瞄准前视点 B 点上的水准尺，消除视差，精平后用十字丝中丝读取前视读数，记入记录手簿中。

（5）计算 A、B 两点间高差，h_{AB} = 后视读数 − 前视读数，记入记录手簿中。按前进顺序依次填入表 1-1，测量路线如图 1-16 所示。

表 1-1 水准测量记录手簿

测自：A 点至 E 点　　天气：晴　　成像：清晰　　日期：

仪器号码：　　观测者：　　记录者：

测站	测点	后视读数 / m	前视读数 / m	高差 / m		高程 / m	备注
				+	−		
1	A	1.544		0.189		12.000	
	B		1.355			12.189	
2	B	1.299			0.038		
	C		1.337			12.151	
3	C	1.470		0.194			
	D		1.276			12.345	
4	D	1.218		0.004			
	E		1.214			12.349	
$\sum$		5.531	5.182	0.387	0.038		
校核计算	$\sum a-\sum b=0.349$，$\sum h=0.349$						

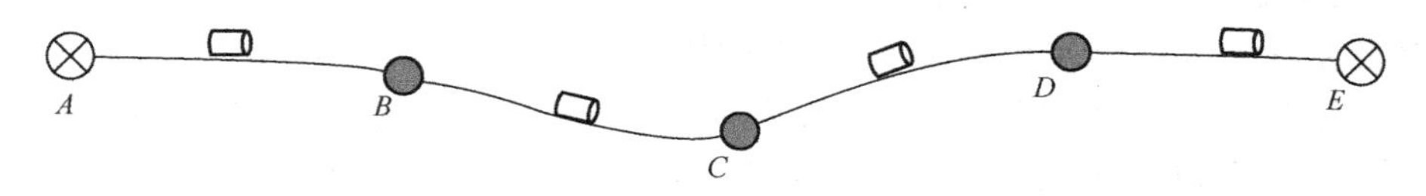

图 1-16 测量路线

操作时应注意以下几点。

（1）水准尺应专人扶持，保持竖直不倾斜，尺面正对。

（2）尺垫仅用于转点。已知高程点和待测点高程标识中心直接立尺不放尺垫。

（3）读数时要注意消除视差。前后水准尺与仪器距离大致相等，对于高等级测量视距差还应符合测量规范规定。

（4）读数前管水准器气泡要严格居中，读数完毕检查确认气泡仍居中，读数方可记录。

（5）原始记录不得擦去或涂改，错误的成果与文字应单线正规划去，在其上方写上正确的数字与文字，并在备注栏注“测错”或者“记错”。

（6）手簿记录一律使用铅笔填写，记录完整，清晰，整洁。

换电子水准仪重复操作测量同一个项目，并与光学水准仪测得的数据作对比分析。各小组编写电子水准仪实训报告一份。要求实训报告样式自拟，思路清晰，版面美观。需要包括：实训目的，实训要求，实训仪器与工具，实训方法与步骤，记录手簿，结果分析等标题。

1.5　二等水准测量

1.5.1　水准测量路线

1. 闭合水准路线

已知 M 水准点高程 H_M。测量工作从 M 点沿测量路线 M—1—2—3—M 回到 M 点，如图 1-17 所示。

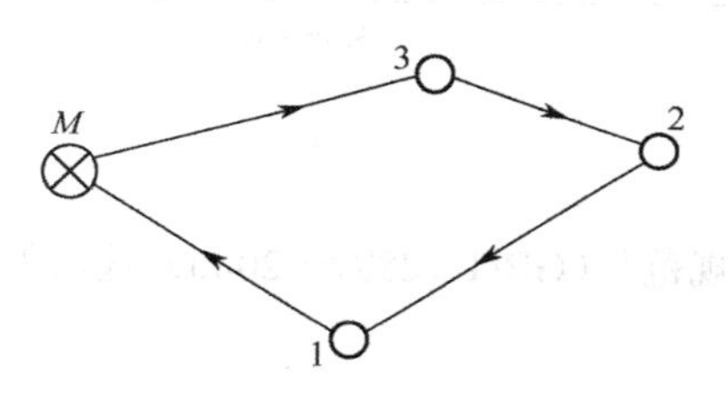

图 1-17　闭合水准路线

2. 附合水准路线

已知 A 和 B 水准点高程 H_A 和 H_B。测量工作从 A 点沿测量路线到 B 点，如图 1-18 所示。

3. 支水准路线

已知 A 水准点高程 H_A。测量工作从 A 点沿测量路线到 1 点，返测回到 A 点，如图 1-19 所示。

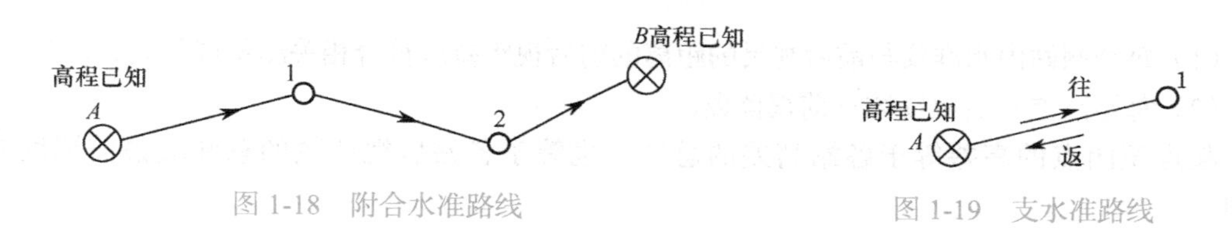

图 1-18　附合水准路线　　图 1-19　支水准路线

1.5.2　测量技术要求

从下面描述中，理解测段、测站、转点的概念：在一条水准路线上，两端水准点之间的水准路线可划分为几个测段，如果每个测段的距离很远或高差很大，仅用一个测站不可能测得其高差，则应在两点间划分若干个测站，每个测站范围是一段距离，该距离 = 后视尺读数 + 仪

器读数 + 前视尺读数。进行观测时，每安置一次仪器观测两点间的高差，称为一个测站，一个测站测得一个高差（测站的高差 = 后视读数 − 前视读数）；作为传递高程的临时视尺立点所在的点称为转点。

1. 高差闭合差的允许值范围

当起始点高程已知，两点间需要连续多次设站测定高差，最后取各站高差代数和求得 *A*、*B* 两点间高差的方法，叫作复合水准测量。此时有$H_B = H_A + \sum h$，如图 1-20 所示。

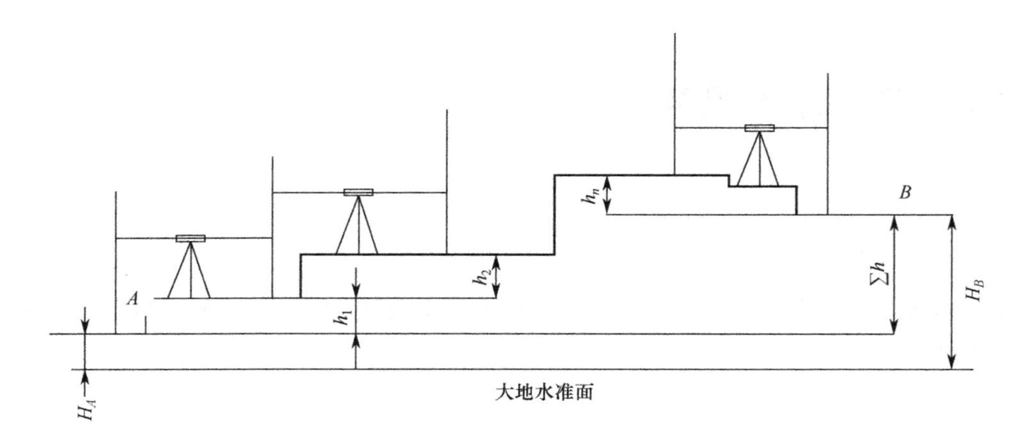

图 1-20 复合水准测量示意图

《国家一、二等水准测量规范》（GB/T 12897—2006）规定如表 1-2 所示。二等水准的环线闭合差允许值为 $4\sqrt{L}$。

表 1-2 二等水准测量技术要求

视线长度 /m	前后视距差 /m	前后视距累积差 /m	视线高度 /m	两次读数所得高差之差 /mm	水准仪重复测量次数	测段、环线闭合差 /mm
≥ 3 且≤ 50	≤ 1.5	≤ 6.0	≤ 2.80 且≥ 0.55	≤ 0.6	≥ 2 次	$\leq 4\sqrt{L}$

注：*L* 为路线的总长度，以 km 为单位。若使用 2 m 标尺，视线高要求≤ 1.80 m 且≥ 0.55 m。

2. 高差闭合差的调整与高差计算，填写高程误差配赋表

（1）每个测站内水准仪与前后视尺的距离的前后视距差应符合相关测量规范规定设置。

（2）每站高差 = 后视读数 − 前视读数。

起点至闭点的高差等于各站高差的总和，也等于各站后视读数的总和减去前视读数的总和。

1.5.3 制订测量方案

（1）确定水准测量等级。

（2）熟悉相应等级的测量技术要求。

（3）测量仪器，保证测量精度。

（4）合理划分测站，规划测量路线，确定测段、测站、转点。

（5）熟悉内业计算，成果核验。

1.6　二等水准路线实训任务

1.6.1　测量任务

如图 1-21 所示闭合水准路线，已知 A_{01} 点高程为 70.505 m，全长 1.2 ～ 2.0 km，请测算 B_{04}、C_{01} 和 D_{03} 点的高程。

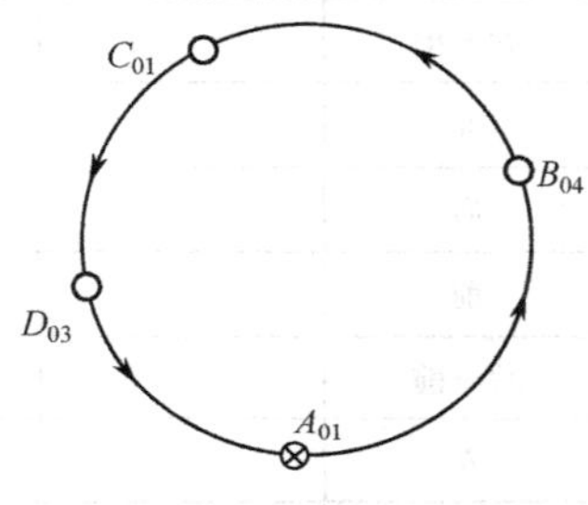

图 1-21　闭合水准路线

1.6.2　实训指导

由题意知该水准路线为闭合路线，1 个已知点和 3 个待定点将水准路线分为 4 个测段，在每一个测段上可根据实际情况划分为若干测站。又根据二等水准测量技术要求（见表 1-2），仪器尽量置于每一个测站的中点。每一个测站内前后视距差小于或等于 1.5 m，前后视距累计差小于或等于 6 m。此外，仪器应符合二等水准的精度要求，满足《国家一、二等水准测量规范》（GB/T 12897—2006）、《国家三、四等水准测量规范》（GB/T 12898—2009）、《工程测量标准》（GB 50026—2020）等相关水准观测与计算要求。

其他等级水准测量限差，如表 1-3 所示。

表 1-3　其他等级水准测量限差

等级	允许高差闭合差	主要应用范围举例
三等	$f_{h容}=\pm12\sqrt{L}$ mm 平地 $f_{h容}=\pm4\sqrt{n}$ mm 山地	场区的高程控制网
四等	$f_{h容}=\pm20\sqrt{L}$ mm 平地 $f_{h容}=\pm6\sqrt{n}$ mm 山地	普通建筑工程、河道工程，用于立模、填筑放样的高程控制点
图根	$f_{h容}=\pm40\sqrt{L}$ mm 平地 $f_{h容}=\pm12\sqrt{n}$ mm 山地	小测区地形图测绘的高程控制、山区道路、小型农田水利工程

注：1．表中图根通常是等外水准测量。

2．表中 L 为路线单程长度，以“km”计，n 为单程测站数。

3．每千米测站数多于 15 站时，为山地。

1.6.3 实训成果

记录手簿如表 1-4 所示，高程误差配赋表如表 1-5 所示，高程点成果表如图 1-6 所示。

表 1-4 二等水准测量记录手簿

<table>
<tr><td rowspan="2">测站编号</td><td>后距</td><td>前距</td><td rowspan="2">方向及尺号</td><td colspan="2">标尺读数</td><td rowspan="2">两次读数之差</td><td rowspan="2">备注</td></tr>
<tr><td>视距差</td><td>累积视距差</td><td>第一次读数</td><td>第二次读数</td></tr>
<tr><td rowspan="4"></td><td rowspan="2"></td><td rowspan="2"></td><td>后</td><td></td><td></td><td></td><td rowspan="4"></td></tr>
<tr><td>前</td><td></td><td></td><td></td></tr>
<tr><td rowspan="2"></td><td rowspan="2"></td><td>后－前</td><td></td><td></td><td></td></tr>
<tr><td>h</td><td colspan="2"></td><td></td></tr>
<tr><td rowspan="4"></td><td rowspan="2"></td><td rowspan="2"></td><td>后</td><td></td><td></td><td></td><td rowspan="4"></td></tr>
<tr><td>前</td><td></td><td></td><td></td></tr>
<tr><td rowspan="2"></td><td rowspan="2"></td><td>后－前</td><td></td><td></td><td></td></tr>
<tr><td>h</td><td colspan="2"></td><td></td></tr>
<tr><td rowspan="4"></td><td rowspan="2"></td><td rowspan="2"></td><td>后</td><td></td><td></td><td></td><td rowspan="4"></td></tr>
<tr><td>前</td><td></td><td></td><td></td></tr>
<tr><td rowspan="2"></td><td rowspan="2"></td><td>后－前</td><td></td><td></td><td></td></tr>
<tr><td>h</td><td colspan="2"></td><td></td></tr>
<tr><td rowspan="4"></td><td rowspan="2"></td><td rowspan="2"></td><td>后</td><td></td><td></td><td></td><td rowspan="4"></td></tr>
<tr><td>前</td><td></td><td></td><td></td></tr>
<tr><td rowspan="2"></td><td rowspan="2"></td><td>后－前</td><td></td><td></td><td></td></tr>
<tr><td>h</td><td colspan="2"></td><td></td></tr>
</table>

表 1-5 高程误差配赋表

<table>
<tr><td>点名</td><td>距离 / m</td><td>观测高差 / m</td><td>改正数 / m</td><td>改正后高差 / m</td><td>高程 / m</td></tr>
<tr><td></td><td rowspan="2"></td><td rowspan="2"></td><td rowspan="2"></td><td rowspan="2"></td><td></td></tr>
<tr><td rowspan="2"></td><td rowspan="2"></td></tr>
<tr><td rowspan="2"></td><td rowspan="2"></td><td rowspan="2"></td><td rowspan="2"></td></tr>
<tr><td rowspan="2"></td><td rowspan="2"></td></tr>
<tr><td rowspan="2"></td><td rowspan="2"></td><td rowspan="2"></td><td rowspan="2"></td></tr>
<tr><td rowspan="2"></td><td rowspan="2"></td></tr>
<tr><td rowspan="2"></td><td rowspan="2"></td><td rowspan="2"></td><td rowspan="2"></td></tr>
<tr><td></td><td></td></tr>
<tr><td>Σ</td><td></td><td></td><td></td><td></td><td></td></tr>
<tr><td colspan="6">环线闭合差 W＝　　环线闭合差允许值 $W_容$＝</td></tr>
</table>

表 1-6 高程点成果表

点号	等级	高程

1.6.4 评价标准与要求

原始观测记录不用橡皮擦，每测段测站数是偶数，视线长度、视线高度、前后视距差及其累计差、两次读数所得高差之差不超限，原始记录不做连环涂改，水准路线闭合差不超限时，成绩判定为“合格”。

高程误差配赋计算，距离精确到 0.1 m，高差及其改正数精确到 0.000 01 m，高程精确到 0.001 m。计算表中必须写出闭合差和闭合差允许值。计算表可以用橡皮擦，但必须保持整洁，字迹清晰。

电子水准仪的测量结果示例如表 1-7、表 1-8 所示。

表 1-7 二等水准测量记录手簿

测站编号	后距	前距	方向及尺号	标尺读数		两次读数之差	备注
	视距差	累积视距差		第一次读数	第二次读数		
1	47.5	47.6	后 *A*	154 496	154 498	−2	
			前 *B*	119 582	119 582	0	
	−0.1	−0.1	后－前	+34 914	+34 916	−2	
			h	+0.349 15			
2	38.4	38.1	后 *B*	129 902	129 896	+6	
			前 *C*	151 940	151 946	−6	
	+0.3	+0.2	后－前	−22 038	−22 050	+12	
			h	−0.220 44			
3	49.3	48.7	后 *C*	146 375	146 377	−2	
			前 *D*	127 642	127 644	−2	
	+0.6	+0.8	后－前	+18 733	+18 733	0	
			h	+0.187 33			
4	30.4	31.3	后 *D*	121 828	121 834	−6	
			前 *A*	153 345	153 353	−8	
	−0.9	−0.1	后－前	−31 517	−31 519	−2	
			h	−0.315 18			

用二等水准的技术要求检验测量质量：

（1）视线长度均大于 3 m 且小于 50 m，符合要求；

（2）前后视距差均小于 1.5 m 且前后视距累积差小于 6 m；

（3）两次读数之差小于 0.6 mm（上表中最大值 0.012 mm）；

（4）闭合差 0.86 mm 小于 $4\sqrt{L}=4\sqrt{0.3313}$ mm = 2.3 mm，符合要求。

表 1-8　高程误差配赋表

点名	距离 / m	观测高差 / m	改正数 / m	改正后高差 /m	高程 / m
A					5.000
	95.10	+0.349 15	−0.000 25	+0.348 90	
B					5.349
	76.50	−0.220 44	−0.000 20	−0.220 64	
C					5.129
	98.00	+0.187 33	−0.000 25	+0.187 08	
D					5.316
	61.70	−0.315 18	−0.000 16	−0.315 34	
A					5.000
Σ	331.30	+0.000 86	−0.000 86	0	
		$W=$	$W_{容}=$		

思政链接

善于动脑、勤于动手

1074 年秋，沈括与守将研究军务。由于地图直观效果差，讨论问题常常不得要领。如果能把边防地图与实地勘测用更加直观的形式表现出来，研究边防部署就会更加直观清楚。于是大家想到堆制形象的立体地图（见图 1-22）。他们就地取材，找来木板和木屑，然后平放木板，上面用木屑堆砌起伏的地形。木屑是散状的，容易堆出各类地形，但是也容易变形，甚至一阵风就会把堆制的模型吹得面目全非。沈括就用面糊将其粘起来，使模型定形。不久进入冬季，面糊容易冻结，沈括又把蜡溶解了代替面糊。堆积成地形骨架后，在上面标出道路、城寨、军事要地等。站在立体地图前，整个北方边疆的地形、驻防情况历历在目。利用立体地图，沈括与守将深入研究了敌我态势，调整了军事部署，巩固了边防。

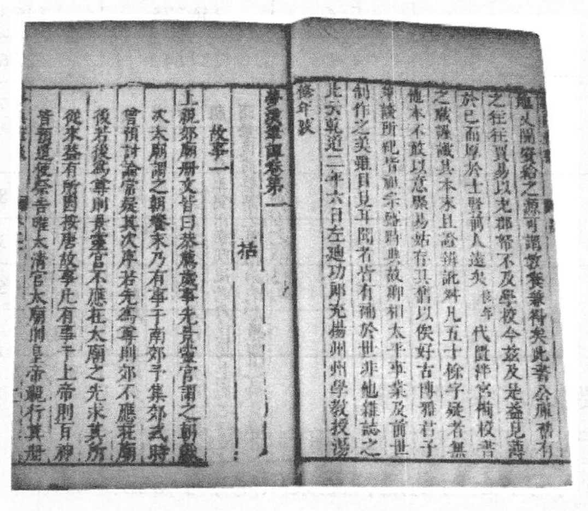

图 1-22　沈括《梦溪笔谈》描述的立体地图

课后思考与练习

1．测量工作的基准面是（　　）。

A．铅垂线　B．大地水准面　C．参考球面　D．水平面

2．水准测量中，在连续各测站上安置水准仪的三脚架时，应使其中两脚与水准线路方向平行，而第三脚轮换置线路的左侧与右侧，可以减弱（　　）引起的误差。

A．竖轴不垂直　B．大气折光　C．i 角　D．调焦镜运行

3．水准测量测得的高程是（　　）。

A．正高　B．正常高　C．大地高　D．力高

4．1985 年国家高程基准水准原点的起算高程为（　　）m。

A．72.289　B．72.26　C．71.289　D．71.26

5．水准测量观测间歇时，最好在（　　）上结束。

A．水准点　B．转点　C．尺垫　D．中间点

6．水准尺的零点差，可采用（　　）予以消除。

A．每测段奇数站　B．每测站前后视距相等

C．每测段偶数站　D．变化仪高法

7．水准测量视线不能太靠近地面，减少（　　）对读数的影响。

A．大气折射　B．地球重力　C．i 角误差　D．地面震动

8．中国高程系统的基准面是（　　）。

A．黄海平均海水面　B．吴淞口高程系统

C．废黄河口零点　D．广州高程系统

9．地球曲率对水准测量的影响，可采用（　　）予以消除。

A．每测段奇数站　B．每测站前后视距相等

C．每测段偶数站　D．变化仪高法

10．目标像不清晰，需要调节（　　）。

A．微动螺旋　B．脚螺旋　C．目镜调焦螺旋　D．物镜调焦螺旋

11．水准仪操作步骤为（　　）。

A．粗平→精平→瞄准→读数　B．瞄准→粗平→精平→读数

C．粗平→瞄准→精平→读数　D．瞄准→精平→读数

12．下列型号的水准仪中，精度最高的是（　　）。

A．DS05　B．DS1　C．DS3　D．DS10

13．在同一高程系统内，两点间的高程差叫（　　）。

A．标高　B．海拔　C．高差　D．高程

14．水准测量原理要求水准仪必须提供一条（　　）。

A．铅垂线　B．水平视线　C．法线　D．切线

15．在普通水准测量中，应在水准尺上读取（　　）位数。

A．2　B．3　C．4　D．5

16．管水准器分划值代表管水准器的（　　）。

A．精度　　B．灵敏度　　C．范围　　D．长度

17．DSZ3 属于（　　）水准仪。

A．精密　　B．较好　　C．普通　　D．一般

18．水准仪视距测量，可以通过（　　）方法计算。

A．上丝－下丝　　B．上丝－中丝　　C．下丝＋中丝　　D．中丝－下丝

19．下列哪个是水准仪正确读数（　　）。

A．1.5 m　　B．1.57 m　　C．1.575 m　　D．1.575 2 m

20．两水准点之间一段路线称为（　　）。

A．测站　　B．测区　　C．线段　　D．测段

参考答案

1．B　2．A　3．B　4．B　5．A　6．C　7．A　8．A　9．B　10．D　11．C　12．A　13．C　14．B　15．C　16．B　17．C　18．A　19．C　20．D

微课视频

项目 2

角度测量技术

知识目标：

- 理解全站仪测量的基本原理；
- 掌握全站仪的构造、使用方法。

微课视频

技能目标：

- 能操作全站仪及配套设备完成测量任务；
- 能进行角度测量的误差分析。

思政目标：

- 通过工程角度测量的应用，理解智慧源于劳动，树立劳动光荣的理念。

思维导图：

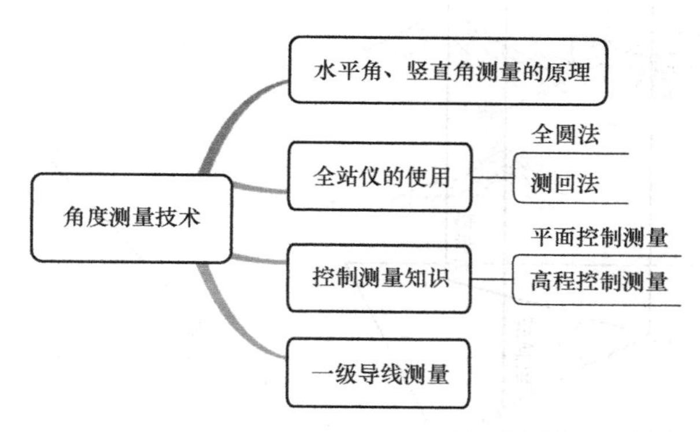

引导案例

曲尺

中国古代是用曲尺（见图 2-1）测量角度的。曲尺是一种一边长一边短的直角尺，但也有较为特殊的圆弧曲尺。古时候，角度被称为矩度，而矩就是曲尺，也称角尺，俗称拐尺。周代数学家商高曾总结了矩的多种使用方法："平矩以正绳，偃矩以望高，覆矩以测深，卧矩以知远。""平矩以正绳"意思是把矩的一边水平放置，另一边靠在一条铅垂线上，就可以判定绳子是否垂直；"偃矩以望高"意思是把矩的一边仰着放平，就可以测量高度；"覆矩以测深"意思是把上述测高的矩颠倒过来，就可以测量深度；"卧矩以知远"意思是把上述测高的矩平躺在地面上，就可以测出两地间的距离。简单来说，就是利用矩的不同摆法，根据勾股形对应边成比例的关系，确定水平和垂直方向，以测量远处物体的高度、深度和距离。

图 2-1　曲尺

【启发提问】：现代测角技术有了哪些改进？

2.1　水平角测量原理

水平角是指地面上两个目标的两条方向线铅垂面所夹的二面角。如图 2-2 所示，测量时以 *OA* 所在方向为起始边，顺时针旋转到 *OC* 测得的就是水平角。当起始边与 *OA* 边不重合时，$\angle AOC = c - a$。$\angle A_1B_1C_1$ 是空间角 *ABC* 在水平面上的投影。

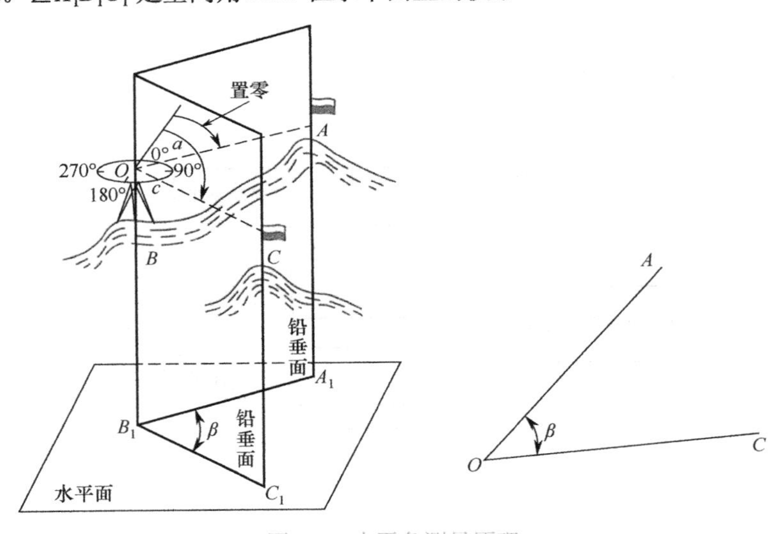

图 2-2　水平角测量原理

如上述可知，水平角的原理就是水平度盘上两个方向的读数之差。工程上采用全站仪测量角度，具体操作为：将全站仪安置在待测角的顶点 *O* 处，规范操作后瞄准 *A* 处目标根部，置零，使方向线 *OA* 所在方向为起始边，*OA* 角度读数为 0° 0'00"，顺时针转动瞄准 *OC* 所在方向的 *C* 点，读数即可测得角度。

2.2　全站仪测水平角的操作流程

在 2023 年浙江省职业院校技能大赛高职组“工程测量”赛项技术规程中，一级导线测量的基本技术要求如表 2-1 所示。

表 2-1　一级导线测量的基本技术要求

水平角测量（2" 级仪器）		
测回数	同一方向值各测回较差	一测回内 2C 值较差
2	9"	13"

解读上表如下。

（1）在此赛项技术规程中，假设使用 2" 精度仪器测∠*AOB*，一个测回内，*OA* 方向的 2C 值减 *OB* 方向的 2C 值的绝对值应不大于 13"。

（2）在此赛项技术规程中，假设使用 2" 精度仪器测∠*AOB*，两个测回内，第一测回 *OA* 方向的 2C 值减第二测回 *OA* 方向的 2C 值的绝对值应不大于 9"。

需要注意的是，表中 2C 值较差指的是变化范围，不是绝对值之差，应该是最大值（带正负号计算）与最小值（带正负号计算）的差的绝对值，即 2C 值的变化范围不得超限。

例如，∠*AOB* 的测回值如表 2-2 所示。

表 2-2　∠AOB 的测回值

	觇点	读数		2C 值
		盘左	盘右	
水平角观测	*A*	0° 00'10"	180° 00'06"	+4"
	B	89° 10'16"	269° 10'13"	+3"
	A	90° 00'10"	270° 00'15"	−5"
	B	179° 10'14"	359° 10'15"	−1"

成果质量判断如下。

（1）上表中，一个测回内，*OA* 方向的 2C 值 +4" 减 *OB* 方向的 2C 值 +3"，（+4"）−（+3"）= 1" < 13"，符合要求。

（2）上表中，两个测回内，*OA* 方向的 2C 值 +4" 减 *OA* 方向的 2C 值 −5"，（+4"）−（−5"）= 9"，符合要求。

（3）上表中，两个测回内，*OB* 方向的 2C 值 +3" 减 *OB* 方向的 2C 值 −1"，（+3"）−（−1"）= 4" < 9"，符合要求。

结论，本次测量数据质量符合要求，可以进行下一步工作。

2.2.1　测回法

测回法适合测量单角。单角只有两个方向边。一个测回包括上、下半测回。上、下半测回的角值之差不能超过限差 36"。为了提高精度，测回法通常测量两个测回，取平均值。两个测回的角差值称为“测回差”，一般不超过 36"。

两个测回的操作步骤如下。

1. 全站仪操作第一测回

1）盘左，上半测回观测

（1）安置仪器于 *O* 点，对中整平。

（2）盘左瞄准 *A* 点，度盘归零；记录 *a* 左 = 0° 10'00"。

（3）顺时针转动仪器，瞄准 B 点读数；记录 $b_{左}=93°15'00''$，$\beta_{左}=b_{左}-a_{左}=93°05'00''$。

2）盘右，下半测回观测

（1）盘右瞄准 B 点读数；记录 $b_{右}=273°25'15''$。

（2）逆时针转动仪器，瞄准 A 点读数；记录 $a_{右}=180°11'10''$，$\beta_{右}=b_{右}-a_{右}=93°13'55''$。

3）检验

检验上下半测回的角值差是否小于限差，一般不超过 36"。

2. 全站仪操作第二测回

第二测回与第一测回的起始边相同，但将度盘设置为 90° 00'00" 或稍大，其余步骤同第一测回。

注意：两个测回起始方向读数应依次配置在 00° 00'、90° 00' 或稍大的读数处。各测回角值之差称为“测回差”，应不超过 36"。当测回差满足限差要求时继续后面步骤，否则重测。测回限差不同专业的规范可能略有不同，请按对应规范确定。目前，主要规范有《水利水电工程施工测量规范》《公路勘测规范》《1∶1 000　1∶2 000　1∶5 000 比例尺地形测量规范》等。

3. 总结

测回法，适用于测量一个角的情况（表 2-3 为两个测回，可自行增加测回数）。

表 2-3　水平角测量记录表

组别：　　　　观测日期：　　　　测量：　　　　记录：

测回测站	盘位	目标	水平度盘读数 /（° ' "）	半测回角值 /（° ' "）	一测回平均角值 /（° ' "）	备注

两个测回的平均值可以减弱度盘分划误差的影响，因此多个测回比一个测回精度高。当测量某个角度时可以采用 n 个测回取平均值来保证精度。多测回时，每一次测回的起始读数可以递增设置为 180° /n。例如，当 $n=2$ 时，各测回起始方向读数为 0°、90°；当 $n=3$ 时，各测回起始方向读数为 0°、60°、120°。

上、下半测回合称一个测回。上、下半测回的角值之差不能超过限差。常用 DJ6 经纬仪一般取 36" 为上、下半测回的角值之差限值。上下半测回的平均值为一个测回的角值。

多个测回时，各测回角值之差称为“测回差”，一般不超过 36"。满足测回差限值时，取各测回的平均角值作为本测站水平角观测成果。

2.2.2　全圆法

全圆法一般采用两个测回。一个测回包括上半测回和下半测回。每一个测回的初始配置读数为 180° /n，如第二测回的初始配置读数为 90° 0'0"。

安置好仪器，沿周边选定 *A*、*B*、*C*、*D* 四个目标，如图 2-3 所示。

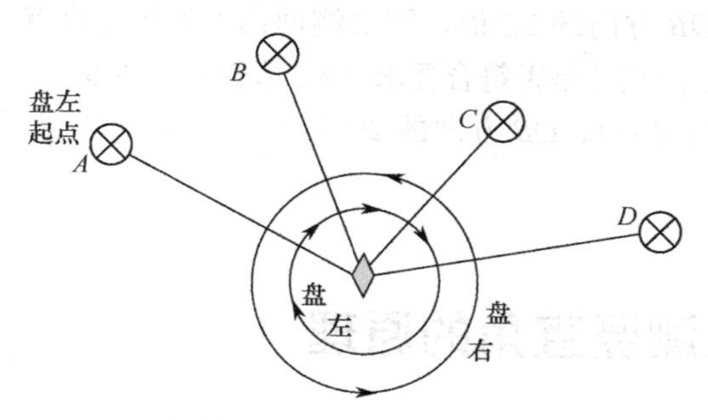

图 2-3　全圆法示意图

1．上半测回操作

盘左瞄准目标 *A*，读数为 0° 0'0"；顺时针旋转至瞄准目标 *B*，读数为 38° 04'50"；顺时针旋转至瞄准目标 *C*，读数为 88° 13'37"；顺时针旋转至瞄准目标 *D*，读数为 155° 43'08"；顺时针旋转至瞄准目标 *A*，读数为 359° 59'58"。

2．下半测回操作

倒转望远镜，逆时针转回到观察位置。

盘左瞄准目标 *A*，读数为 180° 00'03"；逆时针旋转至瞄准目标 *D*，读数为 355° 43'14"；逆时针旋转至瞄准目标 *C*，读数为 268° 13'42"；逆时针旋转至瞄准目标 *B*，读数为 218° 05'03"；逆时针旋转至瞄准目标 *A*，读数为 180° 00'09"。

第一测回结束。计算时满足限差要求。

第二测回的观测方法与第一测回相同。不同点是上半测回时盘左瞄准目标 *A*，配置为读数 90° 0'0"。

2.2.3　水平测角实训任务

根据表 2-4，按要求完成以下任务。

表 2-4　测回法观测手簿

测站	竖盘位置	目标	水平度盘读数 /(° ' ")	半测回角值 /(° ' ")	一测回角值 /(° ' ")	各测回平均值 /(° ' ")	备注
第一测回 *O*	左	*A*	0 01 30	98 19 18	98 19 24	98 19 30	A β O　B
		B	98 20 48				
	右	*A*	180 01 42	98 19 30			
		B	278 21 12				
第二测回 *O*	左	*A*	90 01 06	98 19 30	98 19 36		
		B	188 20 36				
	右	*A*	270 00 54	98 19 42			
		B	8 20 36				

（1）求第一测回内 *OA* 方向的 2C 值、第二测回内 *OA* 方向的 2C 值。比较两个测回内 *OA* 方向的 2C 值，并判断 2C 值较差是否符合要求（2C 值较差限值 9"）。

（2）求第一测回内 *OB* 方向的 2C 值、第二测回内 *OB* 方向的 2C 值。比较两个测回内 *OB* 方向的 2C 值，并判断 2C 值较差是否符合要求（2C 值较差限值 9"）。

（3）计算第一个测回内 *OA*、*OB* 方向的 2C 值的差，并判断 2C 值较差是否符合要求（2C 值互较限值 13"）。

2.3 全站仪测竖直角的原理

同一竖直面内，地面某点至目标的方向线与水平视线间的夹角称为垂直角，或称为竖直角、倾斜角。测竖直角原理如图 2-4 所示。

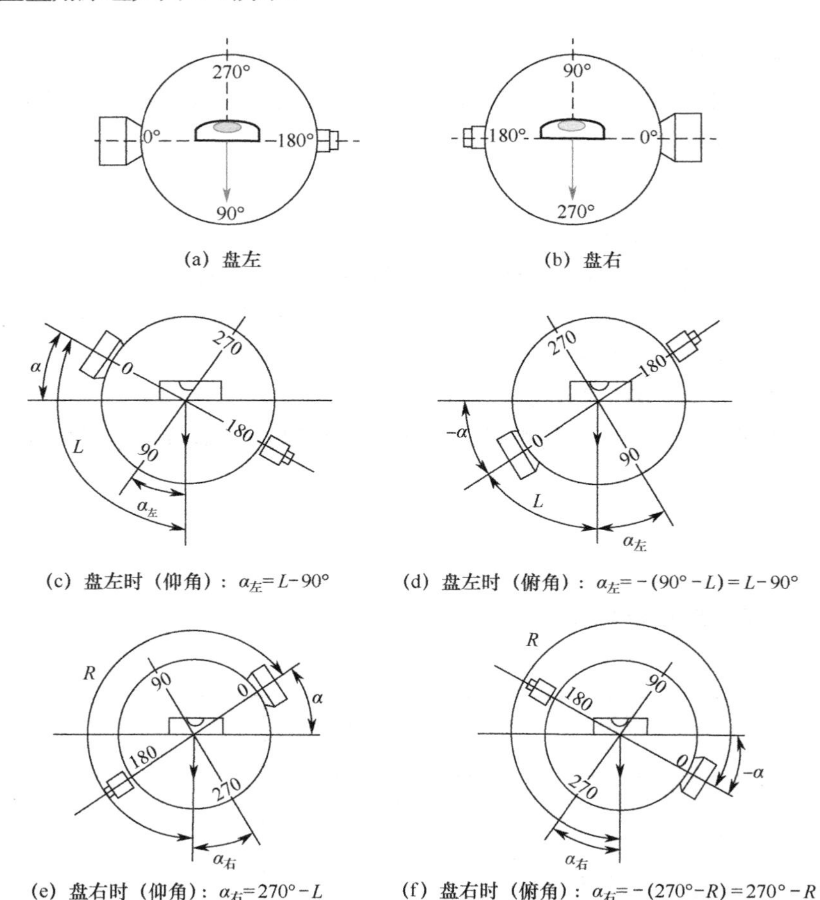

(a) 盘左　　(b) 盘右

(c) 盘左时（仰角）：$\alpha_左=L-90°$　　(d) 盘左时（俯角）：$\alpha_左=-(90°-L)=L-90°$

(e) 盘右时（仰角）：$\alpha_右=270°-L$　　(f) 盘右时（俯角）：$\alpha_右=-(270°-R)=270°-R$

图 2-4　测竖直角原理

目标 *A* 的方向线在水平视线的上方，此时垂直角为正，称为仰角，取值范围为 0°～+90°；当目标的方向线在水平视线的下方时，垂直角为负，称为俯角，取值范围是 0°～−90°。同一竖直面内由天顶方向（即垂直水平线朝天方向）转向目标方向的夹角则称为天顶距。全站仪的角度测量中常以天顶距测量代替垂直角测量。

垂直角是度盘上两个方向读数之差，有一个是水平方向。竖盘刻划为顺指针时，其水平方向的读数通常盘左设置为 90°，盘右设置为 270°。也有的仪器竖盘刻划为逆指针。盘左水平视线读数，轻微上仰，若读数减小则是顺时针竖盘刻划。此时，若以“L”表示盘左位置瞄准目标时的读数，“R”表示盘右位置瞄准目标时的读数，则垂直角的计算公式为

$$\alpha_{左} = 90° - L$$

$$\alpha_{右} = R - 270°$$

对于同一目标，由于观测中存在误差，盘左、盘右所测得的垂直角不完全相等，此时，取盘左、盘右的垂直角平均值作为观测结果，即

$$\alpha = \frac{1}{2}(\alpha_{左} + \alpha_{右}) = \frac{1}{2}[(R - L) - 180°]$$

计算结果为“+”时，垂直角为仰角；为“−”时，垂直角为俯角。

对于逆时针竖盘刻划原理同上。

2.4　控制测量知识

对于一个区域的测量工作必须遵循“从整体到局部，先控制后碎部”的原则。在此原则下，布置控制点的位置和数量。测定控制点的平面位置工作，称为平面控制测量；测定控制点的高程工作，称为高程控制测量。

2.4.1　平面控制测量

1. 三角测量法

三角测量法是在地面上确定若干控制点，控制点之间组成互相连接的三角形，扩展成以三角形为单元的网状，称为三角网。在控制点上，用精密仪器将三角形的三个内角测定出来，并测定其中一条边长，然后根据三角公式解算出各点的坐标。用三角测量法确定的平面控制点，称为三角点。

在全国范围内建立的三角网，称为国家平面控制网。按控制次序和施测精度分为一、二、三、四等共四个等级。布设原则是从高级到低级，逐级加密布网。一等三角网，沿经纬线方向布设，一般称为一等三角锁，是国家平面控制网的骨干；二等三角网，布设于一等三角锁环内，是国家平面控制网的全面基础；三、四等三角网是二等三角网的进一步加密，以满足测图和施工的需要。

为满足小区域测图和施工所需要而建立的平面控制网，称为小区域平面控制网。小区域平面控制网亦应由高级到低级分级建立。测区范围内建立最高一级的控制网，称为首级控制网；最低一级的即直接为测图而建立的控制网，称为图根控制网。

2. 导线测量法

导线测量法是在地面上确定若干控制点，将相邻点连成直线而构成折线形，称为导线。导线扩展得到导线网。在控制点上，用精密仪器依次测定所有折线的边长和转折角，根据解析几何的知识算出各点的坐标。用导线测量法确定的平面控制点，称为导线点。在全国范围内建立

三角网时，若某些局部地区采用三角测量法有困难，则可采用同等级的导线测量法来代替。导线测量法也分为四个等级，即一、二、三、四等。其中，一、二等导线又称为精密导线。

三角网及导线网如图 2-5 所示。

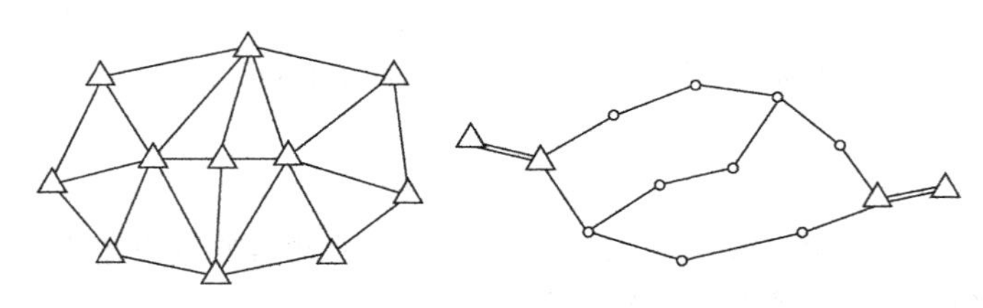

图 2-5　三角网及导线网

2.4.2　高程控制测量

高程控制测量的主要方法是水准测量。在全国范围内测定一系列统一而精确的地面点的高程所构成的网，称为高程控制网。国家高程控制网的建立，也是按照由高级到低级、由整体到局部的原则进行的。高程控制网按施测次序和施测精度分为四个等级，即一、二、三、四等。一等水准网是国家高程控制的骨干；二等水准网布设于一等水准网内，是国家高程控制网的全面基础；三、四等水准网是在二等水准网的基础上进一步加密，直接为测图和工程提供必要的高程控制。

用于小区域的高程控制网，应根据测区面积的大小和工程的需要，采用分级建立。通常是先以国家水准点为基础，在测区内建立三、四等水准网，再以三、四等水准点为基础，测定等外（图根）水准点的高程。水准点的间距，一般地区为 2 ～ 3 km，城市建筑区为 1 ～ 2 km，工业区小于 1 km。一个测区至少设立三个水准点。

2.5　一级导线测量

2.5.1　一级导线测量知识

1．闭合导线

如图 2-6 所示，从一个已知点 *B* 出发，经过若干个导线点 1、2、3，又回到原已知点 *B* 上，形成一个闭合多边形，称为闭合导线。

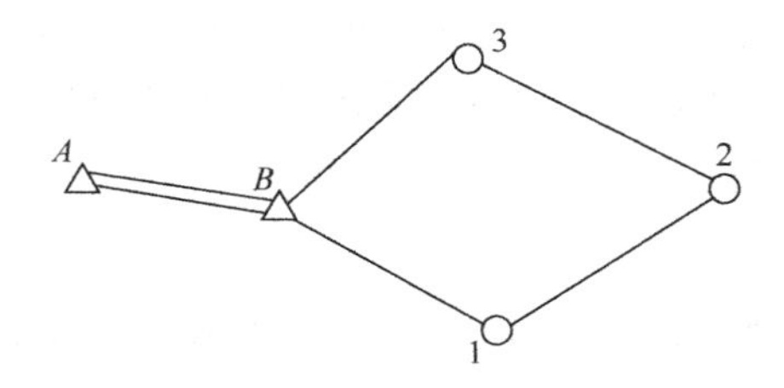

图 2-6　闭合导线

2．附合导线

如图 2-7 所示，从一个已知点 B 和已知方向 AB 出发，经过若干个导线点 1、2、3，最后附合到另一个已知点 C 和已知方向 CD 上，称为附合导线。

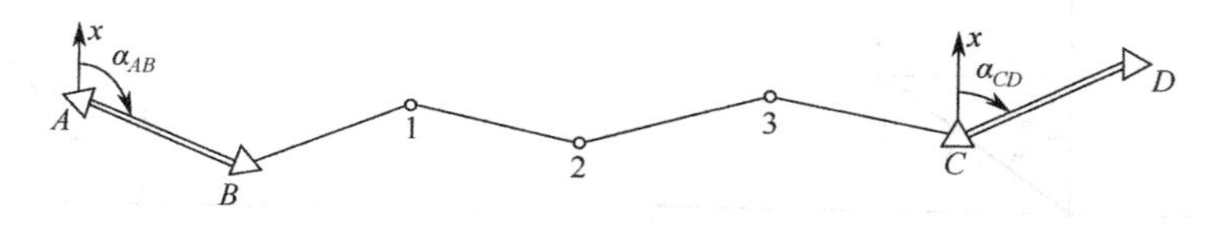

图 2-7　附合导线

3．导线的技术要求

导线按精度可分为一、二、三级导线和图根导线，导线的主要技术要求如表 2-5 所示。表中 n 为测角个数。

表 2-5　导线的主要技术要求

等级	测图比例尺	导线长度 / m	平均边长 / m	往返丈量较差相对误差	测角中误差 / (")	导线全长相对闭合差	测回数		角度闭合差
							DJ_2	DJ_6	
一级	—	2 500	250	1/20 000	±5	1/10 000	2	4	$\pm 10\sqrt{n}$
二级	—	1 800	180	1/15 000	±8	1/7 000	1	3	$\pm 16\sqrt{n}$
三级	—	1 200	120	1/10 000	±12	1/5 000	1	2	$\pm 24\sqrt{n}$
图根	1∶500	500	75	1/3 000	±20	1/3 000	—	1	$\pm 60\sqrt{n}$
	1∶1 000	1 000	110						
	1∶2 000	2 000	180						

2.5.2　导线测量坐标反算

测量工作中所用的平面直角坐标系为高斯平面直角坐标系（见图 2-8），它与数学上的平面直角坐标系（见图 2-9）基本相同，只是测量工作以 x 轴为纵轴，一般表示南北方向；以 y 轴为横轴，一般表示东西方向，象限为顺时针编号，直线的方向是从纵轴北端按顺时针方向度量的。测量坐标系与数学坐标系的规定是不同的，其目的是便于定向，可以不改变数学公式而直接将其应用于测量计算中。

图 2-10 的 α_{AB} 是 x（N）轴绕 A 点顺时针旋转至直线 AB 的夹角，称直线 AB 坐标方位角；α_{BA} 是 x（N）轴绕 B 点顺时针旋转至直线 BA 的夹角，称直线 BA 坐标方位角，也称为直线 AB 的反坐标方位角。直线 AB 的边长用 D_{AB} 表示。

已知直线起点和终点的坐标，计算直线的边长和坐标方位角，称为坐标反算。计算公式如下：

$$D_{AB}=\sqrt{\Delta x_{AB}^2+\Delta y_{AB}^2}=\sqrt{(x_B-x_A)^2+(y_B-y_A)^2}$$

$$\alpha_{AB}=\tan^{-1}\frac{\Delta y_{AB}}{\Delta x_{AB}}=\tan^{-1}\frac{y_B-y_A}{x_B-x_A}$$

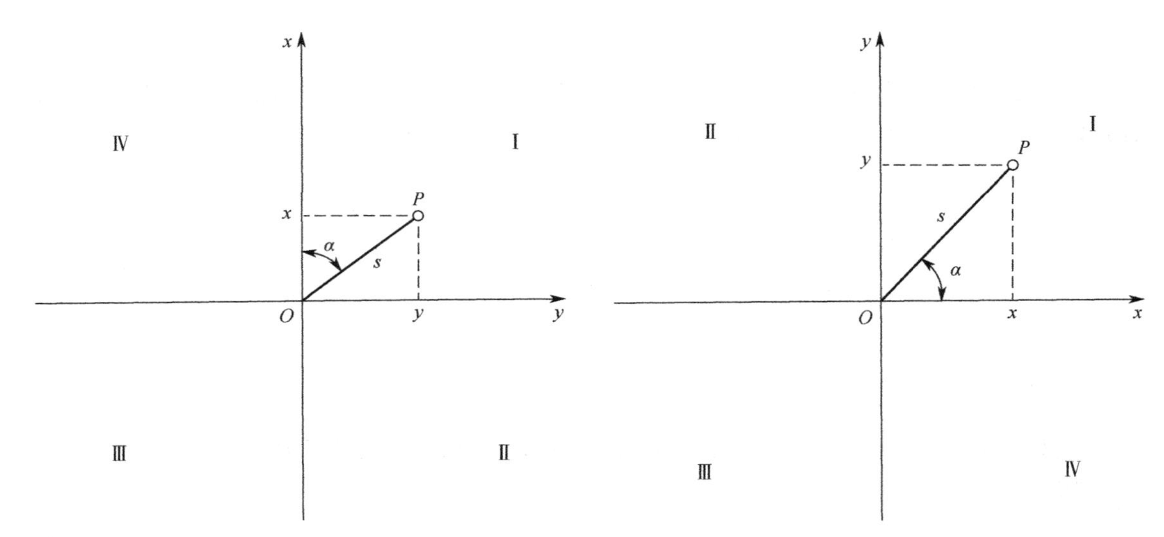

图 2-8 高斯平面直角坐标系　　图 2-9 数学上的平面直角坐标系

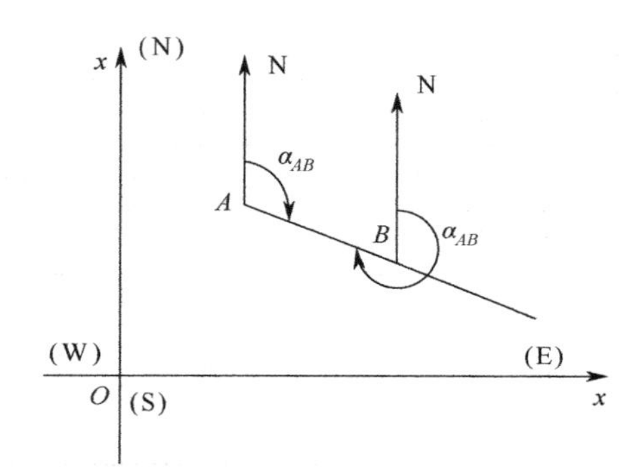

图 2-10 正、反坐标方位角

【例 2-1】已知 A、B 两点的坐标分别为 $x_A = 320.05$ m，$y_A = 830.26$ m，$x_B = 300.50$ m，$y_B =$ 500.75 m，试计算 AB 的边长及坐标方位角。

解：求 A、B 两点的坐标增量：

$$\Delta x_{AB} = x_B - x_A = (300.5 - 320.05)\ \text{m} = -19.55\ \text{m}$$
$$\Delta y_{AB} = y_B - y_A = (500.75 - 830.26)\ \text{m} = -329.51\ \text{m}$$

根据坐标增量符号 (−, −) 判定坐标方位角在第Ⅲ象限。

$$D_{AB} = \sqrt{\Delta x_{AB}^2 + \Delta y_{AB}^2} = \sqrt{(x_B - x_A)^2 + (y_B - y_A)^2} = \sqrt{(-19.55)^2 + (-329.51)^2}\ \text{m} = 330.09\ \text{m}$$

$$\alpha_{AB} = \tan^{-1}\frac{\Delta y_{AB}}{\Delta x_{AB}} = \tan^{-1}\frac{-329.51}{-19.55} = 86.6° + 180° = 266.6°$$

计算示意图如图 2-11 所示。

由图可见，直线 AB 在以 A 为原点测量坐标系的第Ⅲ象限。总之，直线 AB 的方位角必定是 x（N）轴绕 A 点顺时针旋转至直线 AB 的夹角，夹角范围 0°～360°。$\alpha_{AB} = 266.6°$是直线

AB 的坐标方位角。可以根据 $y_B - y_A$ 与 $x_B - x_A$ 的正负号，判断出方位角所在象限，并计算出方位角。

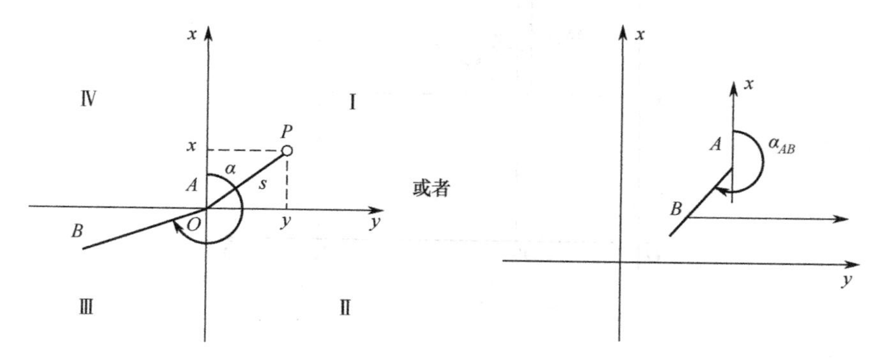

图 2-11　计算示意图

【例 2-2】已知 A、B 两点的坐标分别为 $x_A = 3\,090\,387.576$ m，$y_A = 568\,414.162$ m，$x_B = 3\,090\,421.365$ m，$y_B = 568\,522.945$ m，试计算 AB 的边长及坐标方位角。（精度要求：角度取位至整秒，边长、坐标增量、坐标计算结果均取位至 0.001 m）

解：高斯平面直角坐标系下，计算各参数：

$$\begin{aligned}D_{AB} &= \sqrt{(x_B - x_A)^2 + (y_B - y_A)^2} \\ &= \sqrt{(3\,090\,421.365 - 3\,090\,387.576)^2 + (568\,522.945 - 568\,414.162)^2}\ \text{m} \\ &= 113.910\ \text{m}\end{aligned}$$

$$\begin{aligned}\alpha_{AB} &= \tan^{-1}\frac{(y_B - y_A)}{(x_B - x_A)} \\ &= \tan^{-1}\frac{(568\,522.945 - 568\,414.162)}{(3\,090\,421.365 - 3\,090\,387.576)} \\ &= \tan^{-1}\frac{108.783}{33.789} \\ &= 72°44'41''\end{aligned}$$

因为 $\Delta x_{AB} > 0$，$\Delta y_{AB} > 0$，判断出直线 AB 的方位角是第一象限角，所以 AB 的方位角是 72° 44'41"。

2.5.3　导线测量坐标正算

根据已知点的坐标、已知边长及该边的坐标方位角计算未知点的坐标的方法，称为坐标正算。

如图 2-12 所示，A 为已知点，坐标为 x_A、y_A，已知 AB 边长 D_{AB}，坐标方位角为 α_{AB}，要求 B 点坐标 x_B、y_B。

由图可知：

$$\left.\begin{aligned}x_B &= x_A + \Delta x_{AB} \\ y_B &= y_A + \Delta y_{AB}\end{aligned}\right\}$$

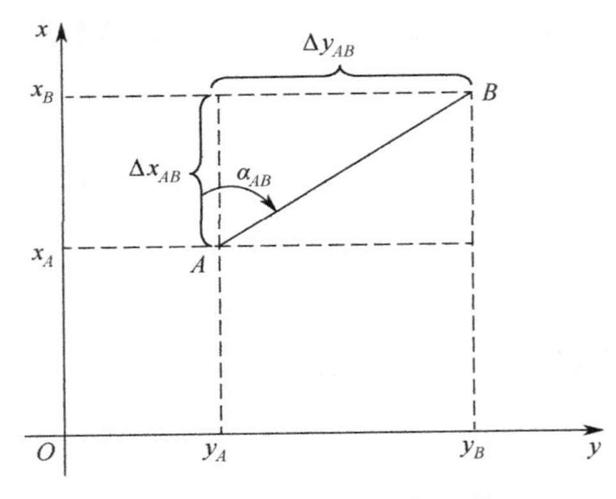

图 2-12 导线测量坐标正算

其中：

$$\left.\begin{aligned}\Delta x_{AB}=D_{AB}\cos\alpha_{AB}\\ \Delta y_{AB}=D_{AB}\sin\alpha_{AB}\end{aligned}\right\} \quad 或 \quad \left.\begin{aligned}\Delta x_{AB}=x_B-x_A\\ \Delta y_{AB}=y_B-y_A\end{aligned}\right\}$$

上式中，采用高斯平面直角坐标系（见图 2-7）计算正弦、余弦即可。

【例 2-3】已知 AB 边的边长 D_{AB} = 150.25 m，坐标方位角 α_{AB} = 75° 15'26"，若 A 点的坐标为 x_A= 350.26 m，y_A = 500.35 m，试计算 B 点的坐标。

解：由题意得

$$\begin{aligned}x_B=x_A+D_{AB}\cos\alpha_{AB}=(350.26+150.25\times\cos 75°15'26'')\ \text{m}=388.50\ \text{m}\\ y_B=y_A+D_{AB}\sin\alpha_{AB}=(500.35+150.25\times\sin 75°15'26'')\ \text{m}=645.65\ \text{m}\end{aligned}$$

故 B 点的坐标为 x_B= 388.50 m，y_B = 645.65 m。

2.5.4 导线测量内业计算

测量指定附合路线，2 个已知平面控制点 1、2 作为附合导线的起、闭点，并互相作为定向点。测量 2 个未知点 3、4，导线边长为 80 ～ 150 m。按附合导线测量方法，依次测量 1、2、3、4 点的数据。附合导线测量方法如表 2-16 所示。

附合导线坐标方位角根据起始边的已知坐标方位角及调整后的各内角值，按下列公式计算：

$$\alpha_{前}=\alpha_{后}+180°\pm\beta$$

其中，$\alpha_{前}$指前视方向的方位角，$\alpha_{后}$指后视方向方位角。

在计算时要注意以下几点：

（1）上式中，若 β 是左角（前进方向左手边），则取 $+\beta$；若 β 是右角（前进方向右手边），则取 $-\beta$。

（2）计算出来的 $\alpha_{前}$若大于 360°，则减去 360°；若小于 0°，则加上 360°，保证坐标方位角在 0°～ 360°的取值范围。

（3）起始边的坐标方位角应与已知值相等。

（4）允许值限值需要满足相关规定要求，二级导线容许值参考表中辅助计算内容。

表 2-6　附合导线测量方法

点号	观测角 β/（° ′ ″）	改正数/（″）	改正后角值/（° ′ ″）	坐标方位角 α/（° ′ ″）	距离 D/m	纵坐标增量 Δz			横坐标增量 Δy			坐标值	
						计算值/m	改正数/m	改正值/m	计算值/m	改正数/m	改正值/m	x/m	y/m
1												3 090 387.576	568 414.162
				42 30 00	78.200	+57.655	−0.003	+57.652	+52.831	+0.002	+52.833		
2	89 33 50	+5	89 33 55									3 090 445.228	568 466.995
				132 56 05	129.340	−88.102	−0.005	−88.107	+94.694	+0.003	+94.697		
3	73 00 40	+5	73 00 45									3 090 357.121	568 561.693
				239 55 20	80.180	−40.184	−0.003	−40.187	−69.383	+0.002	−69.381		
4	107 48 32	+5	107 48 37									3 090 316.934	568 492.311
				312 06 43	105.350	+70.646	−0.004	+70.642	−78.152	+0.003	−78.149		
1	89 36 38	+5	89 36 43									3 090 387.576	568 414.162
				42 30 00									
2													
Σ	359 59 40	+20	360 00 00		393.070	+0.015	−0.015	0.000	−0.010	+0.010	0.000		

辅助计算：

$f_\beta = \sum\beta_{测} - \sum\beta_{理} = -20''$

$f_{\beta_{理}} \pm 16''\sqrt{4} = \pm 32''$（二级导线）

$f_x = \sum \Delta x/y + 0.015$

$f_y = \sum \Delta x/y - 0.010$

$F_D = \sqrt{f_x^2 + f_y^2} = 0.018$

$K = F_D/L = 0.018/393.07 = 1/21\,803$，小于1/10 000（二级导线）

思政链接

中国古代数学著作《算经十书》

魏元帝时期的刘徽按照“析理以辞，解体用图”的原则对《九章算术》进行了研究。他系统地研究了勾股测量理论与方法（勾股术），另著《重差》一卷，附于《九章算术》之后。重差测量理论与方法为实现直接测量向间接测量的转变提供了依据。刘徽按照数学家赵爽的《日高图》的思路探索发明了重表法、累矩法和连索法，逐步建立起重差测算体系，使得中国古代的勾股术臻于完善。到了唐代，太史令、算学博士李淳风等把刘徽的《重差》更名为《海岛算经》。

唐高宗显庆元年（656），规定《周髀算经》《九章算术》《孙子算经》《五曹算经》《夏侯阳算经》《张丘建算经》《海岛算经》《五经算术》《缀术》《缉古算经》这汉、唐一千多年间的十部著名数学著作作为国家最高学府的算学教科书，用以进行数学教育和考试，后世通称为《算经十书》。《算经十书》标志着中国古代数学的高峰，解决了中国古代基本的测量问题。

课后思考与练习

1．视准轴是指（　　）的连线。

A．物镜光心与十字丝中心　　B．物镜光心与目镜光心

C．目镜光心与十字丝中心

2．圆水准器轴和管水准器轴的几何关系为（　　）。

A．相互垂直　　B．相互平行　　C．相交

3．消除视差的方法是（　　）使十字丝和目标影响清晰。

A．转动物镜对光螺旋

B．转动目镜对光螺旋

C．反复交替调节目镜及物镜对光螺旋

4．测量工作的基本内容是（　　）。

A．高程测量、角度测量、距离测量

B．角度测量、距离测量、坐标测量

C．角度测量、坐标测量、高程测量

5．竖直角就是在同一竖直面内，（　　）的夹角。

A．一点到目标的方向线与水平线

B．一点到目标的方向线与铅垂线

C．点到两目标的方向线之间

6．观测水平角时，尽量照准目标的底部，其目的是消除（　　）误差对测角的影响。

A．目标偏离中心　　B．对中　　C．照准

7．测量地面两点间的距离，指的是两点间的（　　）。

A．水平距离　　B．斜线距离　　C．折线距离

8．地面点的空间位置是用（　　）来表示的。

A．坐标和高程　　B．平面直角坐标　　C．地理坐标

9．在 B 点安置仪器测水平角（$\angle ABC$），盘左时，测得 A 点读数为 124° 32'09"，测得 C 点读数为 53° 11'28"，则上半测回角值为（　　）。

A．71° 20'41"　　B．288° 39'19"　　C．177° 43"37"

10．在已知点 A 上建站，建站点 A 点坐标为（2 564 745.831，440 351.692），现有一待测点，测距值为 303.362 m，方位角为 295° 21'34"，则该待测点的坐标为（　　）。

A．（2 564 631.098，440 126.704）

B．（2 564 875.760，440 077.562）

C．（2 564 920.299，440 156.115）

11．避免全站仪长时间处于高温环境，在太阳光猛烈时应（　　），防止阳光直射全站仪，影响仪器使用寿命。

A．给全站仪打伞　　B．往全站仪上浇水　　C．用身体遮挡阳光

12．某型号全站仪标称测距精度为（$A+B$ppm×D）mm，其中 A 为固定误差，B 为（　　）。

A．系统误差　　B．比例误差　　C．偶然误差

13．（　　）精密控制照准部水平转动。

A．水平微动螺旋　　B．水平制动螺旋　　C．垂直微动螺旋

14．全站仪的上半部分包含有水平角测量系统、竖直角测量系统、测距系统和（　　）四大光电系统。

A．电源系统　　B．数据处理系统　　C．补偿系统

15．全站仪的安置工作包括（　　）。

A．建站、后视　　B．对中、建站　　C．对中、整平

16．用全站仪进行距离测量或坐标测量时，需设置正确的大气改正数，设置的方法可以是直接输入测量时的温度和（　　）。

A．气压　　B．湿度　　C．风力

17．观测水平角时，盘左应（　　）方向转动照准部。

A．顺时针　　B．逆时针　　C．由下而上

18．全站仪的测角方法不包括（　　）。

A．双面尺法　　B．测回法　　C．方向观测法

19．设对某角观测一测回的观测中误差为 ±3"，现在要使该角的观测结果精度达到 +1.4"，需要观测（　　）个测回。

A．3　　B．4　　C．5

20．在高斯平面直角坐标系中，纵轴为（　　）。

A．x 轴，向北为正　　B．y 轴，向北为正　　C．y 轴，向东为正

习题参考答案

1．A　2．A　3．C　4．A　5．A　6．A　7．A　8．A

9．B，解析：$\angle ABC=\alpha_c-\alpha_A$ = 53° 11'28" − 124°　32'09" = − 71° 20'41" = 360° − 71° 20'41" = 288° 39'19"。

10．B，解析：$x = x_A + D \cdot \cos\alpha = 2\,564\,875.760$　$y = y_A + D \cdot \sin\alpha = 440\,077.562$

11．A　12．B　13．A　14．C　15．B　16．A　17．A　18．A

19．C，解析：$3^2/n \leqslant 1.4^2$，$n \geqslant 4.6$，所以至少 5 个测回，才能满足精度。

20．A，解析：高斯平面直角坐标系是以中央子午线和赤道投影后的交点 O 作为坐标原点，以中央子午线的投影为纵坐标轴 x，规定 x 轴向北为正；以赤道的投影为横坐标轴 y，规定 y 轴向东为正。

微课视频

模块二

建筑数字测绘技术

项目 3

数字测图基础

知识目标：

- 了解数字测图工作特点、基本要求；
- 了解数字地图相对于纸质地图的优点。

微课视频

技能目标：

- 能够区分纸质地图和数字地图；
- 能够掌握数字测图的工作任务。

思政目标：

- 培养理论结合实践的能力；
- 树立勇于探索的学习精神；
- 养成求真务实的工作态度。

思维导图：

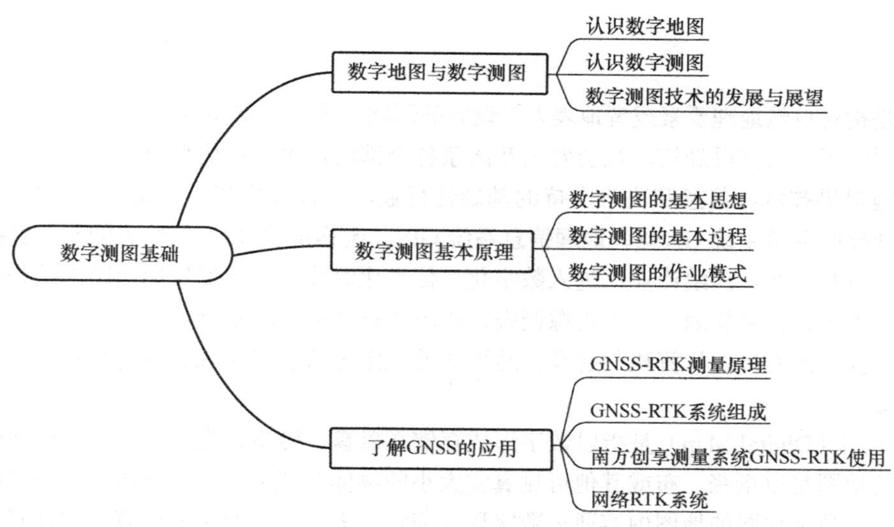

引导案例

南方测绘，让智能走进生活

南方测绘，中国测绘国之品牌，让世界见证中国智造。南方测绘拥有全国最大的无人机数据处理中心，全国最大的三维激光数据采集处理团队，并正在改变信息交流与数据获取的方式，让智能走进生活。南方测绘在每一次工程建设中，担当保障安全的重要角色，为不同的行业提供专业的解决方案。南方测绘让专业创造出更大的价值，让测量变得更加简单，让每个不可思议的想法变得更加容易实现。当前，南方测绘在广州、北京、武汉、常州等地拥有多个世界级产业基地。南方测绘杨元喜工作站以北斗产业发展的技术需求为导向，以北斗高精度应用关键技术研发为重点，促进科技成果转化及北斗产业化。南方测绘展示图如图 3-1 所示。

图 3-1　南方测绘展示图

3.1　数字地图与数字测图

3.1.1　数字地图的概念

测绘是指对自然地理要素或者地表人工设施的形状、大小、空间位置及其属性等进行测定、采集并绘制成图，为国民经济、社会发展及国家各个部门提供地理信息技术保障，并为各项工程顺利实施提供技术、信息和决策支持的基础性行业。以计算机和网络技术为支撑，以“3S”技术（全球导航卫星系统 GNSS、地理信息系统 GIS、遥感技术 RS）为代表的测绘新技术正广泛应用于科研和生产，测绘产业已进入数字化、信息化时代。大比例尺地形图测绘是测绘、公路、建筑、水电、城乡规划、国土资源调查、矿山等行业的一项基础性、日常性测绘工作，随着现代绘图仪器的发展及计算机的普及，地形图的成图方法已经实现了由传统的白纸成图向数字成图转变。

数字地图（Digital Map）是指以数字形式存储在磁盘、磁带、光盘等介质上的地图。通常我们看到的地图是以纸张、布或其他可见真实大小的物体为载体的，地图内容绘制或印制在这些载体上。而数字地图的地图内容通过数字形式表示，需要通过专用的计算机软件对这些数字进行显示、读取、检索、分析。

数字地图可以非常方便地对地图内容进行组合、拼接，形成新的地图，可输出任意比例尺的地图，易于修改，也可方便与卫星影像、航摄像片等其他信息源结合使用，还可以利用数字地图记录的信息派生新的数据。例如，地图上等高线表示地貌形态，但非专业人员很难看懂，利用数字地图的等高线和高程点可以生成数字高程模型（Digital Elevation Model，DEM），将地表起伏以数字形式表现出来，可以直观、立体地表现地貌形态。这是普通地形图不可能达到的表现效果。

3.1.2　数字地图的优点

数字地图具有以下主要优点。

1．便于成果更新

数字地图是以点、线、面的定位信息和属性信息存入计算机的，当实地有变化时，只需输入变化信息的坐标、代码，经过编辑处理，便可以得到更新的地图，从而可以确保地图的可靠性和现势性。

2．避免因图纸伸缩带来的各种误差

纸质地图上的地图信息随着时间的推移，会因图纸的变形而产生误差。数字地图以数字信息保存，不会因时间的推移而产生误差。

3．便于传输和处理，并可供多用户同时使用

用磁盘保存的数字地图，存储了图中具有特定含义的数字、文字、符号等各类数据信息，可方便地传输、处理和供多用户共享。数字地图的管理既节省空间，又操作方便。

4．方便成果的深加工利用

数字地图分层存放，可使地面信息无限存放（其优点是纸质地图无法与之相比的）；不受图面负载量的限制，便于成果的深加工利用，从而拓宽测绘工作的服务范围。比如，CASS 软件中共定义 26 个层（用户还可根据需要定义新层），房屋、电力线、铁路、植被、道路、水系、地貌等均存于不同的层次中，通过关闭层、打开层等操作来提取相关信息，便可方便地得到所需测区内的各类专题图、综合图，如路网图、电网图、管线图、地形图等。又如，在数字地籍图的基础上可以综合相关内容，补充加工成不同用户所需要的城市规划用图、城市建设用图、房地产图及各种管理用图和工程用图等。

5．便于建立地图数据库和地理信息系统

地理信息系统（Geographic Information System，GIS）具有方便的空间信息查询检索功能、空间分析功能及辅助决策功能，这些功能在国民经济、办公自动化及人们日常生活中都有广泛应用。然而要建立 GIS，花在数据采集上的时间、精力及费用占整个工作的 80%，且 GIS 要发挥辅助决策功能，需要现势性强的基础地理信息资料。数字地图能提供现势性强的基础地理信息，经过格式转换，其成果即可直接导入 GIS 数据库，对 GIS 数据库进行更新。

6．便于成果使用

数字地图不仅可以自动提取点位坐标、两点间距离、方位，自动计算面积、土方，自动绘制纵横断面图，还可以方便地将其传输到 AutoCAD 等软件系统中，以便工程设计部门进行计算机辅助设计。

总之，数字地图从本质上打破了纸质地图的种种局限，赋予地形图以新的生命力，提高了地形图的自身价值，扩大了地形图的应用范围，改变了地形图使用的方式。

相关链接：补充二维码，视频录制 PPT 讲解数字地图应用现状。

3.1.3 数字测图的概念

电子技术、计算机技术、通信技术的迅猛发展，使人类进入了一个全新的时代——信息时代。数字技术作为信息时代的平台，是实现信息采集、存储、处理、传输和再现的关键。数字技术也对测绘科学产生了深刻的影响，改变了传统的地形测图方法，使测图领域发生了革命性的变化，从而产生了一种全新的地形测图技术——数字测图。利用全站仪、GNSS 接收机等测量仪器进行野外数据采集，或利用纸质地图扫描数字化及利用航摄像片、遥感影像数字化进行室内数据采集，并把采集到的地形数据传输到计算机，由数字成图软件进行数据处理，形成数字地形图的过程，称为数字测图。

广义的数字测图包括全野外数字测图、地形图扫描数字化、航空摄影测量数字成图和遥感数字成图。狭义的数字测图指全野外数字测图，本书详细介绍全野外数字测图。

3.1.4 数字测图工作特点

全野外数字测图虽然是在白纸测图的基础上发展起来的，但它不同于传统的白纸测图，下面分别介绍数字测图的外业和内业工作特点。

1. 外业工作的特点

数字测图使用自动化程度较高的全站仪等测绘仪器，内业使用数字成图软件，与传统手工测图相比，具有以下显著的特点。

1）测图过程自动化程度高

白纸测图在外业就基本完成了地形图的绘制，外业工作内容较多、手工记录、手工计算、自动化程度低、劳动强度大。而数字测图在外业主要完成数据采集，成图工作主要在内业完成，加上数字测图采用先进的电子仪器自动记录、自动计算、自动存储，自动化程度高，劳动强度低，错误（读错、记错、展错）概率小的优点，可得到精确、可靠、详实的地形图。

2）作业效率高

白纸测图必须严格遵循“先控制后碎部 ”的原则。而数字测图则允许图根控制和碎部测量同时进行，即采用“一步测量法”，即使在未知点上设站也可以采用“自由设站法”设站，利用全站仪的计算功能进行测图工作。这样便于同时大面积展开测图工作，提高作业效率。

3）测站覆盖范围大

手工图解法测图由于受到测距精度和成图方法的限制，测站点的测量范围较小。而数字测图采用全站仪能同时自动地测定角度和边长，所以一般用“极坐标法”测定地形碎部点。由于全站仪具有很高的测距精度，因此在通视良好、定向边较长的情况下，可以放宽测站点到碎部点间的距离，扩大测站点的覆盖范围。

4）作业时工作范围易于划分

白纸测图以图板为工具，以图幅为单元组织测量。这种规则地划分测图单元的方法往往给图边测图造成困难。数字测图的外业一般没有图幅的概念，而是以自然界线（河流、道路等）来划分作业组的工作范围。这样便可灵活地组织施测工作，更为重要的是可以减少地物接边问题带来的麻烦。

5）对测点依赖性强

白纸测图的外业工作可以较多地融入人的经验，如线状地物的转折和地形起伏方面，可以利用人的观察和判断来减少碎部点个数。数字测图则不然，它完全依赖所观测的点数。因此，一般情况下，数字测图比传统的白纸测图需要较多的观测点数和较好的点位分布。

6）对记录要求高

数字测图所获得的有关地物、地貌的数字信息，无法显示图形信息及其相互关系，直观性较差；对于一些有关实体的属性（如地理名称、房屋结构与用途等）也无法在野外注记。因此，碎部点记录要准确记录测点点号、连线关系与地物属性信息。在复杂测区，通常采用野外绘制草图和地物属性注记的方法进行内业注记、图形及相对关系的检查。

7）测量精度高

全野外数字测图一般采用全站仪、GNSS-RTK进行碎部点数据采集，相对于传统的经纬仪模拟测图而言，碎部点测量具有较高的精度。

2．内业工作的特点

数字测图内业成图工作主要依靠计算机及专业成图软件，其内业工作与手工图解法测图方法相比具有显著的特点。

1）成图速度快

白纸测图的内业工作主要是利用坐标展点器等工具，手工对外业绘制的白纸图进行清绘、整饰、拼接，相对数字测图，内业处理速度较慢，劳动强度高。而数字测图在内业工作中充分利用现代技术手段，利用计算机和地形图成图软件对野外测量采集的数据与地形信息进行处理，提高了内业成图的速度，缩短了成图周期。

2）绘制图形规范

白纸测图内业处理是手工绘制地形图的点、线、符号，进行文字注记，显然线条难以均匀，绘制的符号难以规范，文字注记即手写字体更难以规范化。而数字测图的内业处理使用的绘图软件，能够使绘制的地形图的点、线、符号、文字注记等规范美观，符合地形图的成图规范。

3）成图精度高

手工图解法测图的内业处理，不仅难以做到点、线、符号和文字注记等地形图图面信息的规范化，而且会造成点位精度的损失，降低地形图的质量。而数字测图的内业处理依据外业测量的点位信息和属性信息进行图形编辑，外业采集到的碎部点坐标在展点过程中，不像传统的直角坐标展点器那样存在精度损失，所以成图精度较高。

4）分幅、接边方便

手工图解法测图一般是先分幅，然后逐幅测量，图幅接边不方便，相对数字测图精度低。而数字测图内业工作首先是图形编辑，将编辑好的图形按测区合成一体，然后统一进行地形图的分幅，省去了图幅接边的麻烦。

5）易于修改和更新

白纸测图方法的内业处理结果体现在图纸上，发现错误必须擦掉，重新绘制，修改很不方便。而数字测图内业处理是将处理结果储存在磁盘上，图形编辑中出现的问题易于修改和更新。

6）对野外数据采集依赖性强

手工图解法测图是在外业中完成地形图的绘制，绘图员可以边观察地形，边绘图、注记，内业只进行加工处理。而数字测图的内业处理是根据外业测量的地形信息进行图形编辑、地物属性注记的，如果外业采集的地形信息不全面，内业处理就比较困难。因此，数字测图内业完成后，一般要输出到图纸上，到野外检查、核对。

相关链接：补充二维码，视频录制 PPT 讲解数字测图的优缺点。

3.1.5 数字测图技术的发展与展望

1. 数字测图的发展历程

传统的测图手段是利用测量仪器对地球表面局部区域的各种地物、地貌特征点的空间位置进行测定，并以一定的比例尺按图式符号将其绘制在图纸上，也称为白纸测图（手工图解法测图）。在测图过程中，图形的精度由于刺点、绘图及图纸伸缩变形等因素的影响会有比较大的降低，而且存在工序多、劳动强度大、质量管理难等问题。特别是在当今的信息时代，纸质地形图已难承载过多的图形信息，图纸更新也极为不便，难以适应信息时代经济建设的需要。

随着科学技术的进步和计算机的迅猛发展及其向各个领域的渗透，以及全站仪和 GNSS-RTK 等先进测量仪器和技术的广泛应用，数字测图技术得到了突飞猛进的发展，并以高自动化、全数字化、高精度的显著优势逐步取代了传统的手工图解法测图的方法。

数字测图实质上是一种全解析机助测图方法，在地形测绘发展过程中它是一次根本性的技术变革，这种变革主要体现在手工图解法测图的最终目的是地形图，图纸是地形信息的唯一载体；数字测图地形信息的载体是计算机的存储介质（磁盘或光盘），其提交的成果是可供计算机处理、远距离传输、多方共享的数字地形图数据文件，通过数控绘图仪可输出数字地形图。目前，利用数字地图可以生成各种专题电子地图；利用三维坐标系统，以数学描述和图像描述的数字地形表达方式，可实现对客观世界的三维描述。更具深远意义的是，数字地形信息作为地理空间数据的基本信息之一，已成为 GIS 的重要组成部分。当前大比例尺数字地图可分为数字正射影像（Digital Orthophoto Map，DOM），数字高程模型（DEM）、数字线划图（Digital Line Graphic，DLG）和数字栅格图（Digital Raster Graphic，DRG），即“4D”产品，一般经过逻辑与几何拼接处理后可以直接入库。

数字化成图是由制图自动化开始的。20 世纪 50 年代美国国防部制图局开始对制图自动化进行研究，这一研究同时推动了制图自动化配套设备的研制和开发。20 世纪 70 年代初，制图自动化已形成规模，美国、加拿大及欧洲各国在相关重要部门都建立自动制图系统。当时的自动制图系统主要包括数字化仪、扫描仪、计算机及显示系统 4 个部分。其成图过程：将地形图数字化，再由绘图仪在透明塑料片上回放地形图，并与原始地形图叠置以修正错误。

在 20 世纪 80 年代，摄影测量经历了模拟法、解析法，发展为今天的数字摄影测量。数字摄影测量是通过摄影的手段，对地面进行扫描得到数字化影像，再由计算机进行处理，从而提供数字地形图或专用地形图、数字地面模型（Digital Terrain Model，DTM）等各种数字化产品。

大比例尺地面数字测图是 20 世纪 70 年代电子测速仪（电磁波测距仪或光电测距仪）问世后发展起来的，20 世纪 80 年代初全站型电子速测仪的迅猛发展加速了数字测图仪的研究和应用。我国从 1983 年开始开展数字测图的研究工作。目前，数字测图技术已经得到广泛的应用，其技术手段成熟，为国民经济的发展做出了重要贡献。其发展过程大体上可分为以下两个阶段。

第一阶段主要利用全站仪采集数据，电子手簿记录，同时人工绘制标注测点点号的草图，到室内将测量数据直接由记录器传输到计算机，再由人工按草图编辑图形文件，并输入计算机自动成图，经人机交互编辑修改，最终生成数字地形图，由绘图仪绘制地形图。在数字测图发展的初级阶段，人们看到了数字测图自动成图的美好前景。

第二阶段仍采用野外测记模式，但成图软件有了实质性的进展。一是开发了智能化的外业数据采集软件；二是计算机成图软件能直接对接收的地形信息数据进行处理。目前，国内利用全站仪配合便携式计算机或掌上计算机，以及直接利用全站仪进行大比例尺地面测图的方法已得到了广泛应用。

20 世纪 90 年代出现了 GNSS 区域差分技术，又称 GNSS-RTK（Real Time Kinematic，实时动态定位）技术，这种测量模式是位于基准站（已知的基准点）的 GNSS 接收机通过数据链将其观测值及基准站坐标信息一起发给移动站的 GNSS 接收机，移动站不仅接收来自参考站的数据，还直接接收 GNSS 卫星发射的观测数据，从而组成相位差分观测值并进行实时处理，能够实时提供测点在指定坐标系的三维坐标成果，在 20 km 测程内可达到厘米级的测量精度。该技术观测时间短，并能实时给出定位坐标。目前，GNSS-RTK 数字测图系统已经成为开阔地区地面数字测图的主要方法。

2．数字测图的发展趋势

随着科学技术水平的不断提高和 GIS 的不断发展，全野外数字测图技术将在以下方面得到较快发展。

1）无线数据传输技术得到广泛应用

无线数据传输技术应用于全野外数字测图作业中，将使作业效率和成图质量得到进一步提高。目前生产中采用的各种测图方法，所采集的碎部点数据要么存储在全站仪的内存中，要么通过数据传输电缆输入电子平板（笔记本计算机）或手持终端（Personal Digital Assistant，PDA）电子手簿中。由于不能实现现场实时连线成图，所以必然影响作业效率和成图质量。即使采用电子平板作业，也由于在测站上难以全面看清所测碎部点之间的关系而降低工作效率和质量。

为了很好地解决上述问题，可以引入无线数据传输技术，即实现 PDA 与测站分离，确保测点连线的实时完成，并保证连线的正确无误，具体方法是在全站仪的数据端口安装无线数据发射装置，它能够将全站仪观测的数据实时地发射出去；开发一套适用于 PDA 的数字测图系统并在 PDA 上安装无线数据接收装置。作业时，PDA 操作者与立镜者同行（熟练操作员或在简单地区立镜者可同时操作 PDA），每测完一个点，全站仪的发射装置自动将观测数据发射出去，并被 PDA 接收，测点的位置实时在 PDA 的屏幕上显示出来，操作者根据测点的关系完成现场连线成图，这样就不会因为辨不清测点之间的相互关系而产生连线错误，也不必绘制观测草图进行内业处理，从而实现效率和质量的双重提高。

2）全站仪与 GNSS-RTK 技术相结合

全野外数字测图技术的另一发展趋势是 GNSS-RTK 技术与全站仪相结合的作业模式。GNSS 具有定位精度高、作业效率高、不需点间通视等突出优点。该技术使测定一个点的时间缩短为几秒钟，而定位精度可达厘米级。作业效率与全站仪采集数据相比，可提高 1 倍以上。但是在建筑物密集地区，由于障碍物的遮挡，容易造成卫星失锁现象，使 RTK 作业模式失效，此时可采用全站仪作为补充。所谓 RTK 与全站仪联合作业模式，是指测图作业时，对于开阔地区以及便于RTK定位作业的地物（如道路、河流、地下管线检修井等）采用GNSS-RTK技术进行数据采集，对于隐蔽地区及不便于RTK定位的地物（如电线杆、楼房角点等），则利用RTK快速建立图根点，用全站仪进行碎部点的数据采集。这样既可免去常规图根导线测量，同时又有效地控制了误差的积累，提高了全站仪测定碎部点的精度。最后将两种仪器采集的数据整合，形成完整的地形图数据文件，在相应软件的支持下，完成地形图（地籍图、管线图等）的编辑整饰工作。该作业模式的最大特点是在保证作业精度的前提下，易于技术普及且对操作者技术要求不高，从而得到迅速推广使用。

3）GIS前端数据采集

随着GIS的不断发展，GIS的空间分析功能不断增强和完善。作为GIS的前端数据采集手段的数字测图技术，必须更好地满足GIS对基础地理信息的要求。地形图不再是简单的点、线、面的组合，而应是空间数据与属性数据的集合。野外数据采集时，不仅仅是采集空间数据，同时必须采集相应的属性数据，行业上称之为“数字线划图”。数字线划图成果形式分为非符号化数据和符号化数据两类，这种数据成果可作为GIS数据前端采集系统，由于数据结构清晰、数据逻辑性强，数据生产规范（包括科学的编码体系，标准的数据格式，统一的分层标准和完善的数据转换、交换功能）将会受到作业单位的普遍重视。人类正迈向信息社会，作为信息产业重要组成部分的地理信息产业有了蓬勃发展。近几年，我国城市GIS建设的势头迅猛，GIS的建立离不开数据的更新。没有数据，GIS就不可能建立；有了数据，若不能及时地更新，GIS就会失去生命力。在各类工程建设中，工程设计所使用的地形图显示于屏幕，在交互式计算机图形系统的支撑下，工程设计人员可直接在屏幕上进行设计、方案比较和选择等。因此，传统的大比例尺测图方法必然要经历一场不可避免的革命性变化，变革最基本的目标就是数字化、自动化、智能化。

4）数字测图系统的高度集成化是必然趋势

大比例尺数字测图的发展创造空间需求，而需求指引发展，测图系统的集成是必然趋势。GNSS和全站仪相结合的新型全站仪已用于多种测量工作，掌上计算机和全站仪的结合或者全站仪自身的功能也在不断完善，如出现了全站仪免棱镜测量技术等。

3.2 数字测图基本原理

3.2.1 数字测图的基本思想

传统的地形测图（白纸测图）实质上是将用光学测量仪器获得的观测值用图解的方法转化为图形。这一转化过程几乎都是在野外实现，即使原图的室内整饰也要求在测区驻地完成，因此劳动强度较大；测得的数据所达到的精度也大幅度降低。同时，纸质地形图已难以承载诸多图形信息；变更、修改也极不方便，实在难以适应当前经济建设的需要。数字测图就是要实现丰富的地形信息和地理信息数字化及作业过程的自动化，缩短野外测图时间，减轻野外劳动强度，将大部分作业内容安排到室内完成。

数字测图的基本思想是将地面上的地形和地理要素（或称模拟量）转换为数字量，然后由电子计算机对其进行处理，得到内容丰富的数字地图，需要时由图形输出设备（如显示器、绘图仪）输出地形图或各种专题图图形。将模拟量转换为数字量这一过程通常称为数据采集。目前数据采集方法主要有野外地面数据采集法、航片数据采集法、原图数字化法。

3.2.2　数字测图的基本过程

数字测图的作业过程与使用的设备和软件、数据源及图形输出的目的有关。但不论是测绘地形图，还是制作种类繁多的专题图、行业管理用图，只要是测绘数字图，都必须包括数据采集、数据处理和成果输出 3 个基本阶段。数字测图的作业过程如图 3-2 所示。

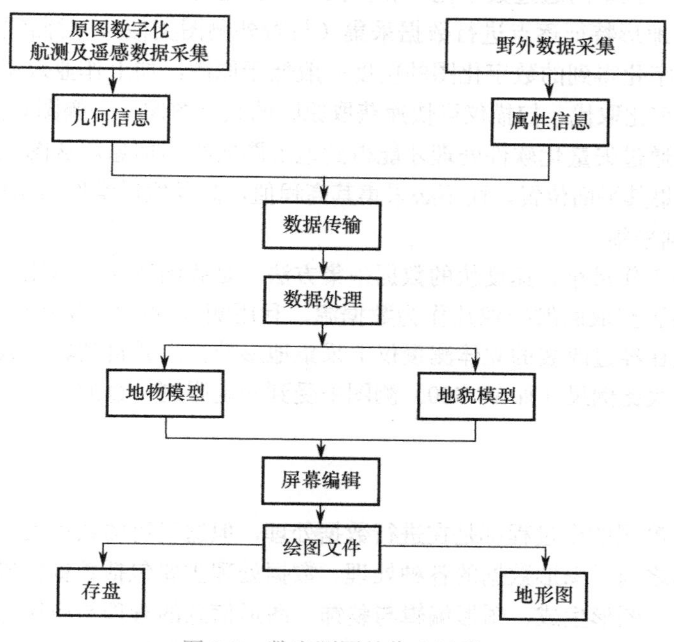

图 3-2　数字测图的作业过程

1. 数据采集

地形图、航摄像片、遥感影像、图形数据、野外测量数据及地理调查资料等，都可以作为数字测图的信息源。数据资料可以通过键盘或转储的方法输入计算机；图形和图像资料一定要通过图数转换装置转换成计算机能够识别和处理的数据。数字测图数据采集可通过全站仪野外数据采集、GNSS 接收机野外数据采集、原图数字化采集、航测法数据采集、遥感影像数据采集等方法实现。

1）野外数据采集

野外数据采集通常采用 GNSS 法（即通过 GNSS 接收机采集野外碎部点的绘图信息数据）或大地测量仪器法（即通过全站仪、测距仪、经纬仪等大地测量仪器实现碎部点野外数据采集）。

野外数据采集是通过全站仪或 GNSS 接收机实地测定地形特征点的平面位置和高程，将这些点位信息自动存储在仪器内存储器或电子手簿中，再传输到计算机中（若野外使用便携机，可直接将点位信息存储到便携机中）。每个地形特征点的记录内容包括点号、平面坐标、高程、属性编码和与其他点之间的连接关系等。点号通常是按测量顺序自动生成的；平面坐标和高程是全站仪（或 GNSS 接收机）自动解算的；属性编码指示了该点的性质，野外通常只输入简编码或不输编码，用草图等形式形象记录碎部点的特征信息，内业可用多种手段输入属性编码；

点与点之间的连接关系表明按何种连接顺序构成一个有意义的实体，通常采用绘草图或在便携机上边测边绘来确定。由于目前测量仪器的测量精度高，很容易达到亚厘米级的定位精度，所以地面数字测图是数字测图中精度最高的一种，是城镇小范围大比例尺（尤其是1∶500）地形测图中的主要方法。

2）原图数字化采集

对于已有纸质地形图的地区，如纸质地形图现势性较好，图面表示清楚、正确，图纸变形较小，则数据采集可在室内通过数字化仪和扫描仪在相应地图数字化软件的支持下进行。用数字化仪可对原图的地形特征逐点进行数据采集（与野外测图类似），对曲线采用手扶跟踪数字化。用数字化仪数字化得到的数字化图的精度一般低于原图，加上作业效率低，这种数字化方法逐渐被扫描仪数字化取代。扫描仪可快速获取原图的数字图像（一幅图只需几分钟），但获得的是栅格数据，要通过矢量化软件处理才能得到地形图的绘图信息。从图上采集数据时，各地物要素通常只需采集其平面位置，而不必采集其高程值，高程值通常作为属性数据进行输入。

3）航测法数据采集

航测法是一种工作量小、速度快的数据采集方法，是我国测绘基本比例尺地形图的主要方法。该法以航空摄影获取的航摄像片作为数据源，利用测区的航空摄影测量获得的立体像对，在解析测图仪上或在经过改装的立体测量仪上采集地形特征点并自动转换成数字信息。由于精度原因，航测法在大比例尺（如1∶500）测图中受到一定限制，目前该法已被全数字摄影测量系统取代。

2. 数据处理

实际上，数字测图的全过程都是在进行数据处理，但这里讲的数据处理阶段是指在数据采集以后到图形输出之前对图形数据的各种处理。数据处理主要包括数据传输、数据预处理、数据转换、数据计算、图形生成、图形编辑与整饰、图形信息的管理与应用等。数据预处理包括坐标变换、各种数据资料的匹配、图形比例尺的统一、不同结构数据的转换等。数据转换内容很多，如将野外采集到的带简码的数据文件或无码数据文件转换为带绘图编码的数据文件，供自动绘图使用；将AutoCAD的图形数据文件转换为GIS的交换文件。数据计算主要是针对地貌关系的。当数据输入计算机后，为建立DTM绘制等高线，需要进行插值模型建立、插值计算、等高线光滑处理3个过程的工作。在计算过程中，需要给计算机输入必要的数据，如插值等高距、光滑的拟合步距等。必要时需对插值模型进行修改，其余的工作都由计算机自动完成。数据计算还包括对房屋类呈直角拐弯的地物进行误差调整，消除非直角化误差等。

经过数据处理后，可产生平面图形数据文件和DTM文件。要想得到一幅规范的地形图，还要对数据处理后生成的“原始”图形进行修改、编辑、整理；还需要加上汉字注记、高程注记，并填充各种面状地物符号；还要进行测区图形拼接、图形分幅、图廓整饰、图形裁剪、图形信息管理与应用等。

数据处理是数字测图的关键阶段。在数据处理时，既有对图形数据进行交互处理，也有批处理。

3. 成果输出

经过数据处理以后，即可得到数字地图，也就是形成一个图形文件，存储在磁盘上永久保存。可以将数字地图转换成GIS所需要的图形格式，用于建立和更新GIS图形数据库。输出图形是数字测图的主要目的，通过对层的控制，可以编制和输出各种专题地图（包括平面图、地籍图、地形图、管网图、带状图、规划图等），以满足不同用户的需要。可采用矢量绘图仪、栅格绘图仪、图形显示器、缩微系统等绘制或显示地形图图形。为了使用方便，往往需要用绘图仪或打印机将图形或数据资料输出。在用绘图仪输出图形时，还可按层来控制线划的粗细或颜色，绘制美观、实用的图形。

3.2.3 数字测图的作业模式

由于使用的硬件设备不同，软件设计者的思路不同，数字测图有不同的作业模式。就目前数字测图而言，可区分为5种不同的作业模式：数字测记模式（简称测记式）、电子平板测图模式（简称电子平板）、地形图数字化模式、航摄像片数字化模式和遥感影像数字化模式。

1. 数字测记模式

数字测记模式是一种野外数据采集、室内成图的作业方法。根据野外数据采集硬件设备的不同，可将其进一步分为全站仪数字测记模式和GNSS-RTK数字测记模式。

1）全站仪数字测记模式

全站仪数字测记模式是目前最常见的数字测记模式，为大多数软件所支持。该模式是用全站仪实地测定地形点的三维坐标，并用内存储器（或电子手簿）自动记录观测数据，然后将采集的数据传输给计算机，由人工编辑成图或自动成图。采用全站仪观测数据，然后将采集的数据传输给计算机，由人工编辑成图或自动成图。由于测站和镜站的距离可能较远（1 km以上），测站上很难看到所测点的属性和与其他点的连接关系，通常使用对讲机保持测站与镜站之间的联系，以保证测点编码（简码）输入的正确性，或者在镜站手工绘制草图并记录测点属性、点号及其连接关系，供内业绘图使用。

2）GNSS-RTK数字测记模式

GNSS-RTK数字测记模式是采用GNSS-RTK技术，实地测定地形点的三维坐标，并自动记录定位信息。采集数据的同时，在移动站输入编码、绘制草图或记录绘图信息，供内业绘图使用。目前，移动站的设备已高度集成，接收机、天线、电池与对中杆集于一体，质量仅几千克，使用和携带很方便。使用GNSS-RTK采集数据的最大优势是不需要测站和碎部点之间通视，只要接收机与空中GNSS卫星通视即可，且移动站与基准站的距离在20 km以内可达厘米级的精度（如果采用网络传输数据则不受距离的限制）。实践证明，在非居民区、地表植被较矮小或稀疏区域的地形测量中，用GNSS-RTK比全站仪采集数据效率更高。

2. 电子平板测图模式

电子平板测图模式就是“全站仪＋便携机＋相应测绘软件”实施的外业测图模式。这种模式用便携机（笔记本计算机）的屏幕模拟测板在野外直接测图，即把全站仪测定的碎部点实时地展绘在便携机屏幕上，用软件的绘图功能边测边绘。这种模式在现场就可以完成绝大多数测图工作，实现数据采集、数据处理、图形编辑现场同步完成，外业“即测即所见，所见即所得”，外业工作完成了图也就绘制出来了，实现了内外业一体化。但该方法存在对设备要求较高、便携机不适应野外作业环境（如供电时间短、液晶屏幕光强时看不清）等主要缺陷。目前主要用于房屋密集的城镇地区的测图工作。电子平板测图模式按照便携机所处位置，分为测站电子平板测图模式和镜站遥控电子平板测图模式。

1）测站电子平板测图模式

测站电子平板是将装有成图软件的便携机直接与全站仪连接，在测站上实时地展点，观察测站周围的地形，用软件的绘图功能边测边绘。这样可以及时发现并纠正测量错误，图形的数学精度高。不足之处是测站电子平板受视野所限，对碎部点的属性和碎部点之间的连接关系不易判断准确。

2）镜站遥控电子平板测图模式

镜站遥控电子平板是将便携机放在镜站，使手持便携机的作业员在跑点现场指挥立镜员跑点，并发出指令遥控驱动全站仪观测（自动跟踪或人工照准），观测结果通过无线传输到便携机，并在屏幕上自动展点。电子平板在镜站现场能够“走到、看到、绘到”，不易漏测，便于提高成图质量。

针对目前电子平板测图模式的不足，许多公司开发掌上电子平板测图系统，用基于 Windows CE 的 PDA 取代便携机。PDA 优点是体积小、质量小、待机时间长，它的出现，使电子平板作业模式更加方便、实用。

3. 地形图数字化模式

地形图数字化模式是指用数字化仪或扫描仪在测区原有纸质地形图基础上进行数据采集的模式。这种作业模式是我国早期（20 世纪 80 年代末和 90 年代初）数字成图的主要作业模式。由于大多数城市都有精度较高、现势性较好的地形图，要制作多功能的数字地形图，这些地形图是很好的数据源。1987—1997 年主要用手扶跟踪数字化仪数字化旧图，后来随着扫描矢量化软件的成熟，扫描仪逐渐取代数字化仪数字化旧图。扫描矢量化作业模式不仅速度快、劳动强度小，而且精度损失较小。先利用测区的旧图内业数字化成图，再在此基础上进行外业修测。这是一种经济的数字成图方法，但得到的数字图的精度与模拟图是一致的。

4. 航摄像片数字化模式

以航空摄影获取的航摄像片作数据源，即利用测区的航空摄影测量获得的立体像对，在解析测图仪上或在经过改装的立体量测仪上采集地形特征点，自动转换成数字信息。这种方法工作量小，采集速度快，是我国测绘基本图的主要方法。由于精度原因，在大比例尺（如 1∶500）测图中受到一定限制。目前该法已逐渐被全数字摄影测量系统所取代。现在国内外已有多家厂商推出数字摄影测量系统，如原武汉测绘科技大学推出的 VirtuoZo、北京测绘科学研究院推出的 JX-4A DPW、美国 Intergraph 公司推出的 Image Station、德国 Leica 公司推出的 Helava 数字摄影测量系统等。基于影像数字化仪、计算机、数字摄影测量软件和输出设备构成的数字摄影测量工作站是摄影测量、计算机立体视觉影像理解和图像识别等学科的综合成果，计算机不但能完成大多数摄影测量工作，而且借助模式识别理论，能实现自动或半自动识别，从而大大提高了摄影测量的自动化功能。全数字摄影测量系统大致作业过程：将影像扫描数字化，利用立体观测系统观测立体模型（计算机视觉），利用系统提供的一系列进行量测的软件扫描数据处理、测量数据管理、立体显示、地物采集、自动提取（或交互采集）DTM、自动生成 DOM 等软件（其中利用了影像相关技术、核线影像匹配技术），使量测过程自动化。全数字摄影测量系统在我国迅速推广和普及，目前已取代了解析摄影测量。

5. 遥感影像数字化模式

在航空投影基础上发展起来的遥感技术，具有感测面积大、获取速度快、受地面条件影响小以及可连续进行、反复观察等特点，已成为采集地球数据及其变化信息的重要技术手段，在国民经济建设和国防科技建设等许多领域发挥重要作用。遥感的物理基础是，不同的物体在一定的温度条件下发射不同波长的电磁波，它们对太阳和人工发射的电磁波具有不同的反射、吸收、透射和散射的特性。根据这种电磁波辐射理论，可以利用各种传感器获得不同物体的影像信息，并达到识别物体大小、类型和属性的目的。遥感影像数字化是采用综合制图的原理和方法，根据成图的目的，以遥感资料为基础信息源，按要求的分类原则和比例尺来反映与主体紧密相关的一种或几种要素的内容。

以上 5 种作业模式各有特点，前 3 种是大比例尺地形图测绘的主要方法，在实际作业过程中，应针对测区实际情况合理选择适用的作业方法，合理安排，使成果、成图符合技术标准及用户要求，以获得最大的经济效益和社会效益。近几年出现了视频全站仪和三维激光扫描仪等快速数据采集设备，使快速测绘数字景观图成为可能。通过在全站仪上安装数字相机（视频全站仪）的方法，可在对被测目标进行摄影的同时，测定相机的摄影姿态，经过计算机对数字影像处理，得到数字地形图或数字景观图；利用三维激光扫描仪，通过空中或地面激光扫描获取高精度地表及构筑物三维坐标，经过计算机实时或事后对三维坐标及几何关系的处理，得到数字地形图或数字景观图。这种快速测绘数字景观的成图模式成为今后建立数字城市的主要手段。

3.2.4　数字测图系统

数字测图通过数字测图系统来实现。数字测图系统是指实现数字测图功能的所有元素的集合。数字测图系统是以计算机为核心，在输入、输出设备硬件和软件的支持下对地形空间数据进行采集、处理、绘图和管理的测绘系统。

广义地讲，数字测图系统是人员、数据、硬件和软件的总和。

数字测图系统人员是指参与完成数字测图任务的所有工作与管理人员。数字测图对人员提出了较高的技术要求，他们应该是既掌握现代测绘技术又具有一定计算机操作和维护经验的综合型人才。

数字测图系统中的数据主要指系统运行过程中的数据流，包括采集（原始）数据处理（过渡）数据和数字地形图（产品）数据。采集数据可能是野外测量与调查结果（如碎部点坐标、地物属性等），也可能是内业直接从已有的纸质地形图或图像数字化或矢量化得到的结果（如地形图数字化数据和扫描矢量化数据等）。处理数据主要是指系统运行中的一些过渡性数据文件。数字地形图数据是指生成的数字地形图数据文件，一般包括空间数据和非空间数据两大部分，有时也考虑时间数据。数字测图系统中数据的主要特点是结构复杂、数据量庞大。

数字测图系统的硬件主要有两大类：测绘仪器硬件和计算机硬件。前者指用于外业数据采集的各种测绘仪器，如全站仪、GNSS 接收机等；后者包括用于内业处理的计算机及其外设，如显示器、打印机等，以及图形外设，如用于录入已有图形的数字化仪、扫描仪和用于输出纸质地形图的绘图仪。另外，实现外业记录和内、外业数据传输的电子手簿则可能是测绘仪器的一部分，也可能是某种基于掌上计算机开发出的独立产品。

数字测图系统的软件是指系统操作有关的计算机程序、数据和文件等。目前，根据数据采集方法的不同，数字测图系统主要分为以下 3 种。

1．基于现有地形图的数字测图系统

已有的纸质地形图是十分宝贵的地理信息资源，通过地图数字化的方法可以将其转化成数字

地形图。从图上获取数据的过程称为图数转换或模数转换，也称数字化。实现这种转换的仪器称为数字化仪。在纸质地形图上进行数据采集，是数字测图获取数据的重要手段，它可加速实现测图、管图、用图的数字化、自动化。地图数字化的方法主要有两种，一种是手扶跟踪数字化，即在数字化仪上对原图各地图要素的特征点通过手扶跟踪的方法逐点进行采集，将采集结果自动传输到计算机中，并由相应的成图软件处理成数字地图；另一种是扫描矢量化，即首先通过扫描仪将原图扫描成数字图像，再在计算机屏幕上进行逐点采集或半自动跟踪，也可直接对各种地图要素进行自动识别与提取，最后由相应的成图软件处理成数字地形图。其基本构成如图 3-3 所示。

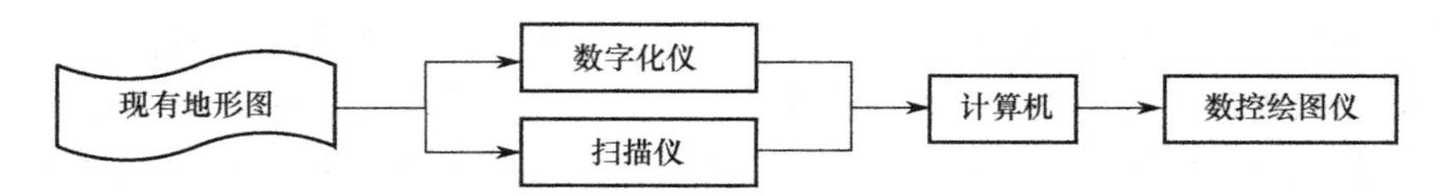

图 3-3 基于现有地形图的数字测图系统构成

地图数字化的两种方法中，手扶跟踪数字化精度低、速度慢、劳动强度大、自动化程度低，尽管在发展初期曾是地图数字化的主要方法，但目前已不适宜大批量现有地形图的数字化工作。而地图扫描矢量化法则可充分利用数字图像处理、计算机视觉、模式识别和人工智能等领域的先进技术，提供从逐点采集、半自动跟踪到自动识别与提取的多种互为补充的采集手段，具有精度高、速度快和自动化程度高等优点，已经成为地形图数字化的主要方法。

2. 基于影像的数字测图系统

这种数字测图系统以航摄像片或卫星像片作为数据来源，即利用摄影测量与遥感的方法获得测区的影像并构成立体像对，在解析测图仪上采集地形特征点并自动传输到计算机中或直接用数字摄影测量方法进行数据采集，用软件进行数据处理，自动生成数字地形图，并由数控绘图仪进行绘图输出。其基本构成如图 3-4 所示。

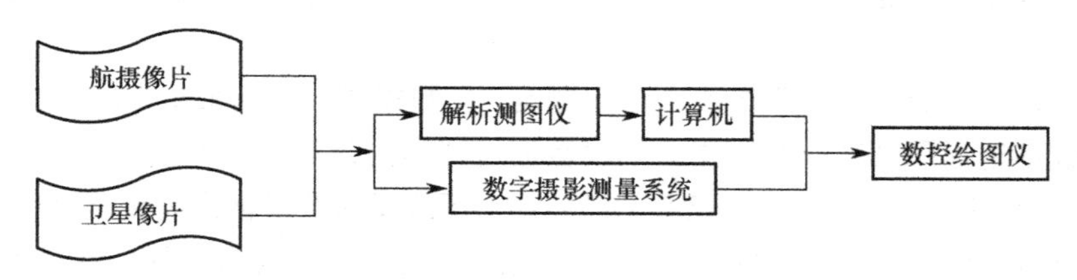

图 3-4 数字测图基本系统构成

3. 地面数字测图系统

地面数字测图（亦称野外数字测图）系统是利用全站仪或 GNSS 接收机在野外直接采集有关绘图信息并将其传输到计算机中，通过成图软件进行数据处理形成绘图数据文件，最后由数控绘图仪输出地形图。其基本构成如图 3-5 所示。

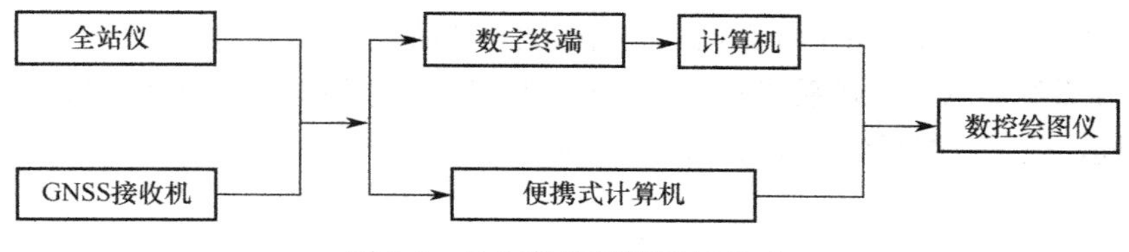

图 3-5 地面数字测图系统构成

由于全站仪、GNSS 接收机具有较高的测量精度，这种测图方式又具有方便灵活的特点，因而在城镇大比例尺测图和小范围大比例尺工程测图中有广泛的应用。随着我国国民经济的发展和城市化的进程，许多城市都在建立城市测绘信息系统和土地信息系统，在此过程中，一般采用野外数字测图的方法作为地理信息的获取和更新手段。目前，大多数数字测图综合系统具有多种数据采集方法、多种功能和多种应用范围，能输出多种图形和数据资料，如图 3-6 所示。

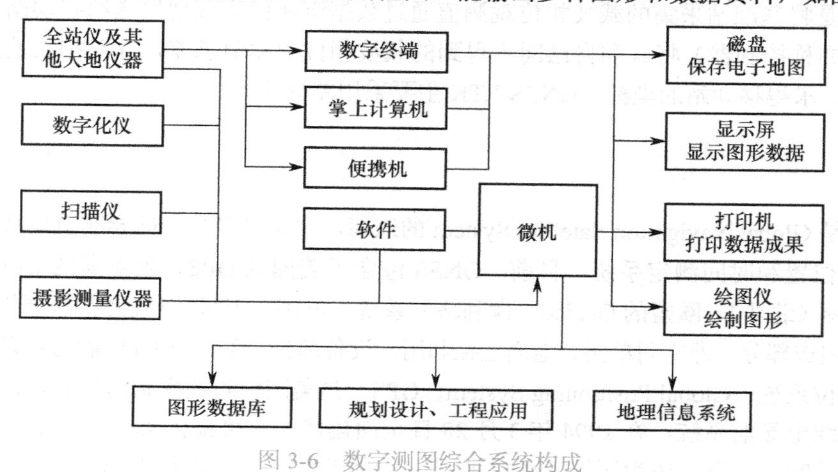

图 3-6 数字测图综合系统构成

3.3 了解 GNSS 的应用

GNSS 定位分为绝对定位和相对定位，在测量中主要使用相对定位。GNSS 相对定位在施测中主要有静态相对定位、快速静态相对定位和动态相对定位之分。静态相对定位主要用于精密控制测量，快速静态相对定位主要用于较小范围的控制测量（应用越来越少，逐渐被 RTK 取代），动态相对定位主要用于数据采集、图根控制和施工放样等。动态相对定位又可分为实时差分动态定位（RTK）、后处理差分动态定位（PPK）和网络（多基准站、单基准站）RTK，其中 RTK 在野外数据采集中被广泛应用。

GNSS 系统组成、GNSS 静态相对定位原理、GNSS 静态测量等内容，请参阅 GNSS 定位原理与应用教材，在此不再赘述。本任务主要介绍 GNSS-RTK 的工作原理及使用方法。

3.3.1 GNSS-RTK 测量原理

GNSS-RTK 测量系统是集计算机技术、数字通信技术、无线电技术和 GNSS 测量定位技术为一体的一种运用载波相位差分技术进行实时定位的 GNSS 测量系统。在这一系统中，基准站以及移动站同时接收 4 颗以上的卫星（初始化则要求 5 颗）进行载波相位观测。而设置在精确坐标已知点上的基准站，在跟踪载波相位测量的同时，通过数据链将测站坐标、观测值、卫星跟踪状态及接收机工作状态发射出去。另一台或若干台接收机则作为移动站在各待定点上依次设站观测，移动站在接收 GNSS 信号进行载波相位观测的同时，还通过数据链接收来自基准站的载波相位差分及其他数据，现场实时解算 WGS-84 坐标系的坐标，并根据控制器上设置的转换参数以及投影方法实时计算出移动站的 2000 国家大地坐标系或任意定义的城建坐标系的平面坐标和高程。

载波相位差分分为修正法和差分法两类。

1. 修正法

修正法是指基准站将载波相位修正量通过数据链通信发送给移动站，移动站以其改正本站的载波相位观测值，然后求解移动站的坐标。

2. 差分法

差分法是将基准站采集的载波相位观测值通过数据链通信完整地发送给移动站，移动站的工作手簿（亦称控制器）将其和自己同步得到的载波相位观测值求差，并对相位差分观测值进行实时处理，求得移动站的坐标。GNSS-RTK 主要采用差分法。

3.3.2 GNSS-RTK 系统组成

GNSS 是 Global Navigation Satellite System 的缩写，中文译名为全球导航卫星系统。它是一个全球性的位置和时间测定系统，目前，GNSS 包含了美国的 GPS、俄罗斯的 GLONASS、中国的 Compass（北斗）、欧盟的 Galileo（伽利略）系统，可用的卫星数目达到 100 颗以上。GNSS 主要有三大组成部分，即空间星座、地面监控和用户设备部分，下面以 GPS 系统为例进行说明。

全球定位系统（Global Positioning System，GPS）是美国国防部研制的全球性、全天候、连续的卫星无线电导航系统，在 1994 年 3 月 28 日全面建成，它可提供实时的三维位置、三维速度和高精度的时间信息，还为测绘工作提供了一个崭新的定位测量手段。GPS 定位技术给测绘领域带来一场深刻的技术革命，它标志着测量工程技术的重大突破和深刻变革，对测量科学和技术的发展，具有划时代的意义。目前，GPS 定位技术的应用已遍及国民经济各个部门，并逐步深入人们的日常生活。

由于 GPS 定位技术具有精度高、速度快、成本低的显著优点，因而在城市控制网与工程控制网的建立、更新与改造中得到了日益广泛的应用。尤其是实时动态测量技术的应用，更显示了 GPS 的强大生命力。

南方创享测量系统就采用了 GPS 定位技术，它由一台基准站（亦称参考站）接收机和一台或多台移动站接收机以及用于数据实时传输的数据链系统构成，如图 3-7 所示。

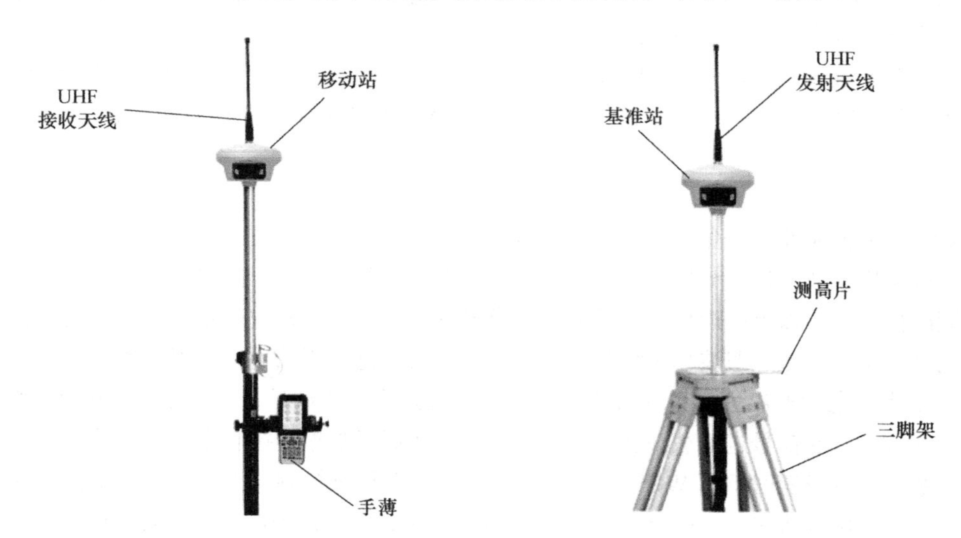

图 3-7 南方创享测量系统示意图

基准站的设备有 GNSS 接收机、GNSS 天线（通常与接收机合为一体）、GNSS 无线数据传输电台、数据链发射天线、电瓶、连接电缆等；移动站的设备有 GNSS 接收机、GNSS 天线、数据链接收电台（现在大部分已将接收电台模块放置在主机内）、数据链接收天线工作手簿（控制器）等，移动站主机与工作手簿之间越来越多地采用蓝牙无线通信。大量的实践证明，在开阔区域，RTK 定位技术较常规测量技术有着不可比拟的优势，如速度快、精度高、不要求通视等，所以在数字测图中已得到了越来越广泛的应用，成为野外数据采集的主要技术。

GPS 测量的作业方案是指利用 GPS 定位技术，确定观测站之间相对位置所采用的作业方式。不同的作业方案所获取的点坐标精度不一样，其作业的方法和观测时间亦有所不同，因此亦有不同的应用范围。作业方案主要分为两种：静态测量和实时动态测量（包括基准站和移动站）。

GPS 测试环境要求如下。

（1）观测站（即接收天线安置点）应远离大功率的无线电发射台和高压输电线，以避免其周围磁场对 GPS 卫星信号的干扰。接收机天线与其距离一般不得小于 200 m。

（2）观测站附近不应有大面积的水域或对电磁波反射（或吸收）强烈的物体，以减弱多路径效应的影响。

（3）观测站应设在易于安置接收设备的地方，且视野开阔。在视场内周围障碍物的高度角，一般应大于 15°，以减弱对流层折射的影响。

（4）观测站应选在交通方便的地方，并且便于使用其他测量手段。

（5）对于基线较长的 GPS 网，还应考虑观测站附近具有良好的通信设施（电话与电报、邮电）和电力供应，以供观测站之间的联络和设备用电。

3.3.3　南方创享测量系统 GNSS-RTK 使用

1．静态测量

采用 3 台（或 3 台以上）GNSS 接收机，分别安置在测站上进行同步观测，确定测站之间相对位置的 GPS 定位测量。

1）适用范围

（1）建立国家大地控制网（二等或二等以下）。

（2）建立精密工程控制网，如桥梁测量、隧道测量等。

（3）建立各种加密控制网，如城市测量、图根点测量、道路测量、勘界测量等。

（4）用于中小城市、城镇以及测图、地籍、土地信息、房产、物探、勘测、建筑施工等的 GPS 测量，应满足 D、E 级 GPS 测量的精度要求。

2）作业流程

（1）测前：项目立项、方案设计、施工设计、测绘资料收集整理、仪器检验、检定、踏勘、选点、埋石。

（2）测中：作业队进驻、卫星状态预报、观测计划制订、作业调度及外业观测。

（3）测后：数据传输、转储、备份、基线解算及质量控制、网平差（数据处理、分析）及质量控制、整理成果、技术总结、项目验收。

3）外业注意事项

（1）将接收机设置为静态模式，并通过计算机设置高度角及采样间隔参数，检查主机内存容量。

（2）在控制点架设好三脚架，在测点上严格对中，整平。

（3）量取仪器高 3 次，3 次量取的结果之差不得超过 3 mm，并取平均值。仪器高应由控制点标石中心量至仪器的测量标志线的上边处。

（4）记录仪器号、点名、仪器高、开始时间。

（5）开机，确认为静态模式，主机开始搜索卫星，且卫星灯开始闪烁。达到记录条件时，状态灯会按照设定好采样间隔闪烁，闪一下表示采集了一个历元。

（6）测试完毕后，主机关机，然后进行数据的传输和内业数据处理。

4）GPS 网设计原则

（1）GPS 网一般应通过独立观测边构成闭合图形，如三角形、多边形或附合线路，以增加检核条件，提高网的可靠性。

（2）GPS 网点应尽量与原有地面控制网点相重合。重合点一般不应少于 3 个（不足时应联测）且在网中应分布均匀，以便可靠地确定 GPS 网与地面网之间的转换参数。

（3）GPS 网点应考虑与水准点相重合，而非重合点一般应根据要求以水准测量方法（或相当精度的方法）进行联测，或在网中设一定密度的水准联测点，以便为大地水准面的研究提供资料。

（4）为了便于观测和水准联测，GPS 网点一般应设在视野开阔和容易到达的地方。

（5）为了便于用经典方法联测或扩展，可在网点附近布设一通视良好的方位点，以建立联测方向。方位点与观测站的距离，一般应大于 300 m。

（6）根据 GPS 测量的不同用途，GPS 网的独立观测边均应构成一定的几何图形。图形的基本形式如下：三角形网、环形网、星形网。

2. 实时动态测量

实时动态测量 RTK 技术是 GPS 技术与数据通信技术相结合的载波相位实时动态差分定位技术，包括基准站和移动站，基准站将其数据通过电台或网络传给移动站后，移动站进行差分解算，便能够实时地提供测站点在指定坐标系中的坐标。

根据差分信号传播方式的不同，RTK 分为内置电台模式和网络模式两种，本节先介绍内置电台模式。

1）架设基准站

基准站一定要架设在视野比较开阔、周围环境比较空旷、地势比较高的地方；避免架在高压输变电设备附近、无线电通信设备收发天线旁边、树荫下或水边，这些都对 GPS 信号的接收以及无线电信号的发射产生不同程度的影响。具体步骤如下。

（1）将接收机设置为基准站内置电台模式。

（2）架好三脚架，放电台天线的三脚架最好放到高一些的位置，两个三脚架之间保持至少 3 m 的距离。

（3）用测高片固定好基准站接收机（如果架在已知点上，需要用基座并做严格的对中整平），打开基准站接收机。

2）启动基准站

第一次启动基准站时，需要对启动参数进行设置，具体步骤如下。

（1）操作：配置→仪器设置→基准站设置，单击基准站设置则默认将主机工作模式切换为基准站，如图 3-8 所示。

（2）差分格式：一般使用国际通用的 RTCM32 差分格式。

（3）发射间隔：选择 1 s 发射一次差分数据。

（4）基站启动坐标：如图 3-9 所示，如果基站架设在已知点，可以直接输入该已知控制点坐标作为基站启动坐标（建议输入经纬度坐标作为已知点坐标，若已知点输入地方坐标或平面坐标启动时，务必先在工程之星手簿上将参数设置好并使用，再输入地方坐标或平面坐标启动）；如果基站架设在未知点，可以单击“外部获取”，然后单击“获取定位”来直接读取基站坐标作为基站启动坐标。

14:00
< 基准站设置
差分格式　RTCM32 >
发射间隔　1 >
基站启动坐标　0°00'00.0000",0°00'00.0000",0. >
天线高　直高, 0.000 >
截止角　10 >
PDOP　3.0 >
网络配置 >
数据链　内置电台 >
数据链设置 >
启动

图 3-8　基准站设置

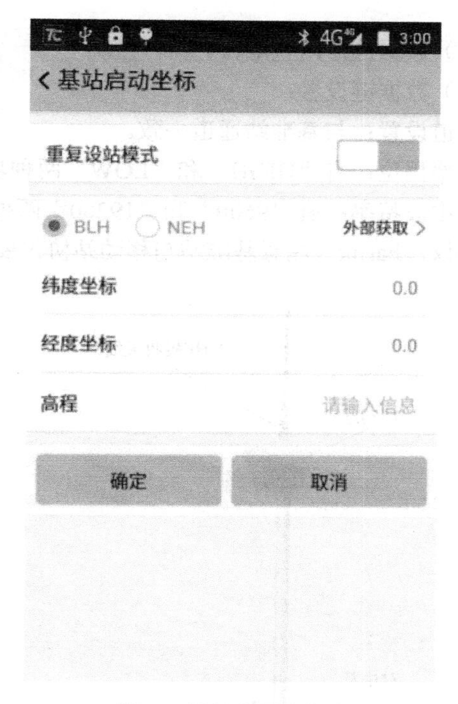

图 3-9 基站启动坐标

（5）天线高：有直高、斜高、杆高（推荐）、侧片高四种，并对应输入天线高度（随意输入）。截止角：建议选择默认值（10）。PDOP：位置精度因子，一般设置为 4。数据链：内置电台。

（6）数据链设置：

通道设置：1 ～ 16 通道选其一。

功率挡位：有“HIGH”和“LOW”两种功率。

空中波特率：有“9600”和“19200”两种（建议 9600）。

协议：Farlik（注意基准站与移动站协议要一致）。

以上设置完成后，单击“启动”即可发射。

注意：判断电台是否正常发射的标准是数据链灯是否规律闪烁。

第一次启动基准站成功后，以后作业如果不改变配置可直接打开基准站，主机即可自动启动发射。

3）架设移动站

确认基准站发射成功后，即可开始移动站的架设，具体步骤如下。

（1）将接收机设置为移动站内置电台模式。

（2）打开移动站主机，将其并固定在碳纤维对中杆上面，拧上 UHF 接收天线。

（3）安装好手簿托架和手簿（见图 3-10）。

4）设置移动站

移动站架设好后需要对移动站进行设置才能达到固定解状态，具体步骤如下。

（1）手簿及工程之星连接。

（2）配置→仪器设置→移动站设置，单击“移动站设置”则默认将主机工作模式切换为移动站。

（3）数据链：内置电台。

（4）数据链设置：

通道设置：与基准站通道一致。

功率挡位：有“HIGH”和“LOW”两种功率。

空中波特率：有“9600”和“19200”两种（建议 9600）。

协议：Farlik（注意基准站与移动站协议要一致，见图 3-11）。

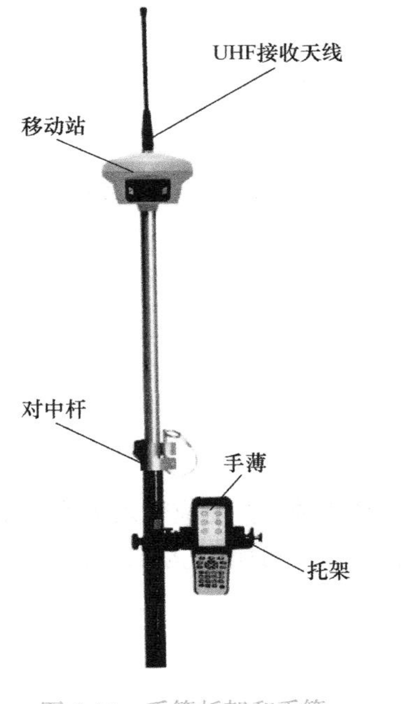

图 3-10 手簿托架和手簿

图 3-11 协议设置

设置完毕，等待移动站达到固定解，即可在手簿上看到高精度的坐标。

电台中转也就是电台转电台，这里作简单介绍。移动站主机在网页“基本设置”里勾选“电台中转”，数据链选择“电台”，就可以设置电台中转，电台通道跟基准站电台通道一致。当第一台移动站（转发站）收到基准站的差分数据之后，第一台移动站把收到的基准站差分数据重新转发出去，让第二台移动站接收该信号，延长电台作业距离。电台中转功能需要第二台移动站确定收不到基准站信号状态下才能体现出中继效果。电台中转示意图如图 3-12 所示。Web UI 主机设置－通用设置电台中转设置如图 3-13 所示。

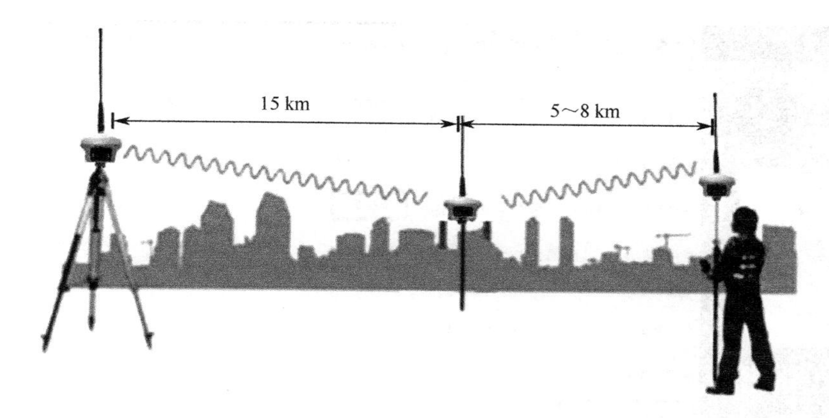

图 3-12 电台中转示意图

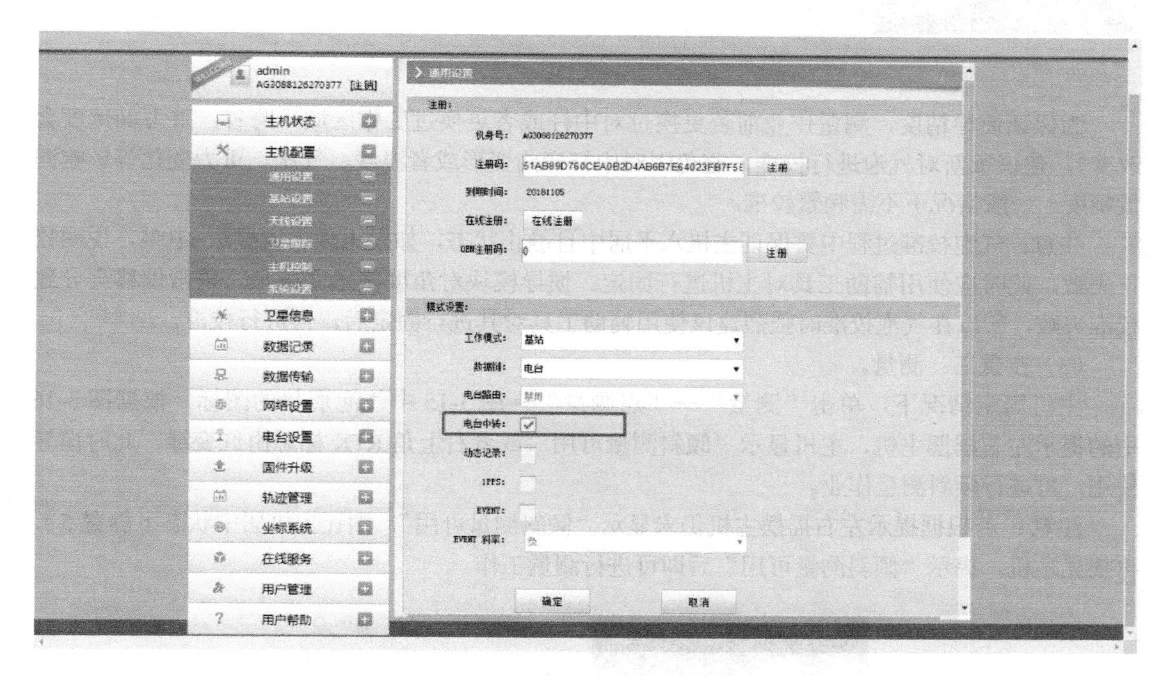

图 3-13 Web UI 主机设置 - 通用设置电台中转设置

5）惯导功能

惯导使用操作步骤如下。

（1）步骤一：设置杆高。

单击“配置”→“工程设置”→“输入正确的杆高”→“确定”。

注意：惯导测量前，杆高和实际设置杆高需保持一致，否则会导致坐标补偿异常，导致坐标出错。

（2）步骤二：气泡校准。

单击“配置”→“工程设置”→“系统设置”→“水准气泡”→“气泡校准”→“开始校准”，校准成功后返回主界面。

步骤一和步骤二如图 3-14 所示。

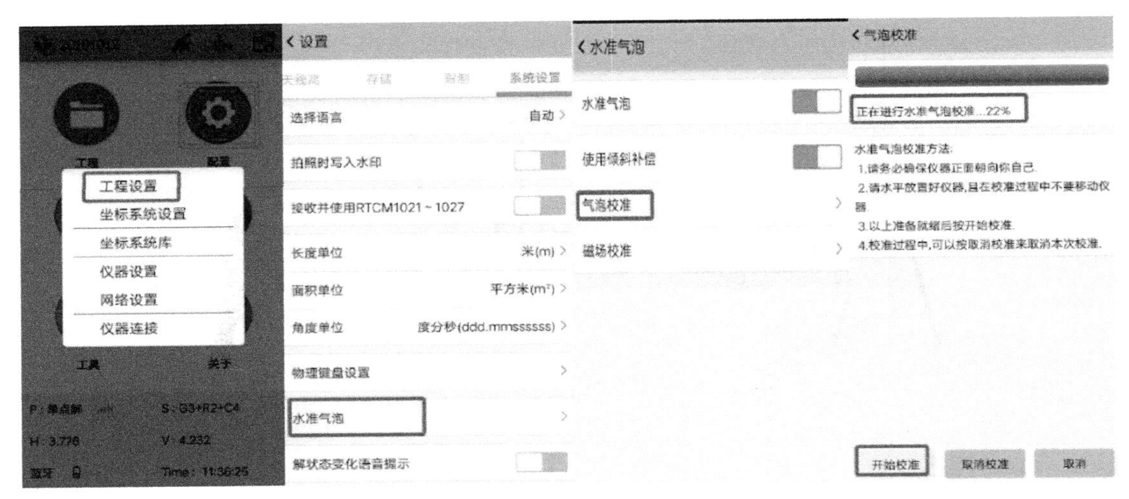

图 3-14　惯导使用操作设置杆高和气泡校准

为保证惯导精度，测量作业前若更换过对中杆或者更换过工作区域（跨省，重力加速度会改变），建议重新对气泡进行校准，避免因对中杆弯曲变形或者温度、气压、重力变化等影响测量精度。一般情况下不需频繁校准。

注意：气泡校准过程中要保证主机水平居中且静止状态，如果出现进度提示 110%，说明校正失败，此时应使用辅助工具对主机进行固定。惯导模块对角度敏感度极高，稍微偏移会导致校准失败，所以在气泡校准时强烈建议使用辅助工具对其进行固定后，再进行校准。

（3）步骤三：测量。

主机固定情况下，单击“测量”→“点测量”→图 3-15 中气泡形状的图标，根据图 3-16 中的提示左右摇摆主机，主机显示“倾斜测量可用”或者右上角 RTK 标志由红变绿，此时惯导使用，可进行倾斜测量作业。

注意：若根据提示左右摇摆主机仍未显示“倾斜测量可用”，则让主机居中状态下静置 5 s，再摇晃主机，提示“倾斜测量可用”后即可进行测量工作。

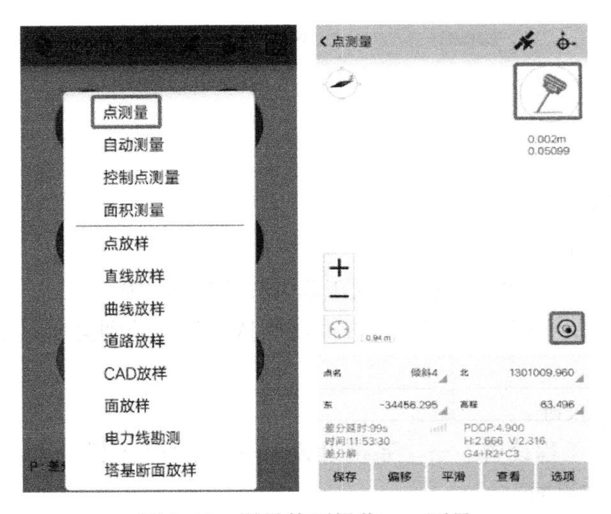

图 3-15　惯导使用操作——测量

图 3-16　提示内容

6）主机内外置卡切换操作

主机正常开机，连接主机 Wi-Fi，进入主机网页端后台，选择“网络设置”→“GSM/GPRS 设置”→“SIM 卡选择”，即可选择内外置 SIM 卡（见图 3-17）。

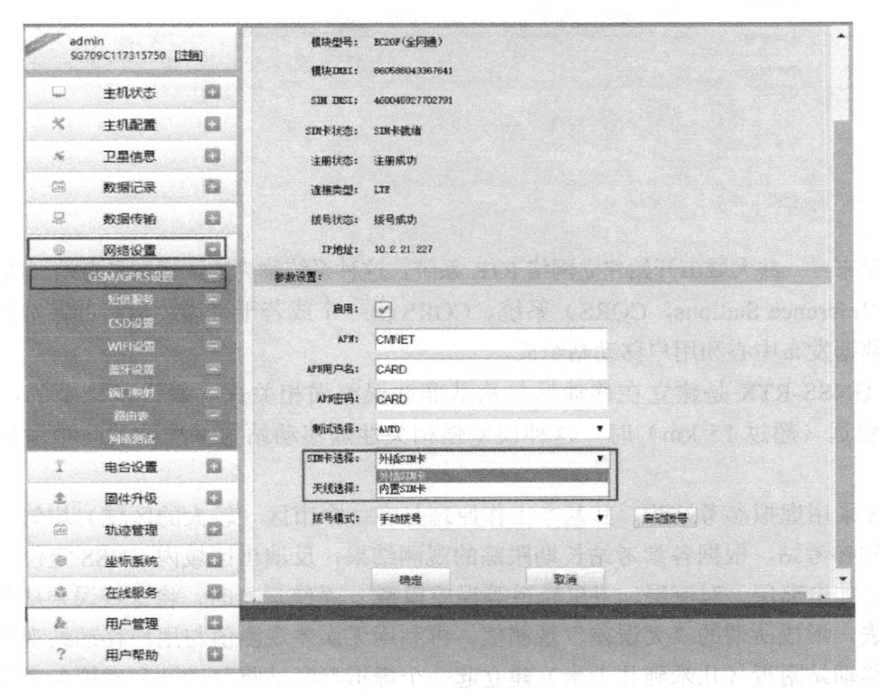

图 3-17　主机内外置卡切换操作

外置网络模式：通过手机卡连接上蜂窝移动通信网络，进行差分数据的传输。

内置网络模式：通过主机自带 eSIM 卡连接上蜂窝移动通信网络，进行差分数据的传输。

7）主机内外置天线切换操作

主机正常开机，连接主机 Wi-Fi，进入主机网页端后台，选择“网络设置”→“GSM/GPRS 设置”→“天线选择”，即可选择内外置天线（见图 3-18）。

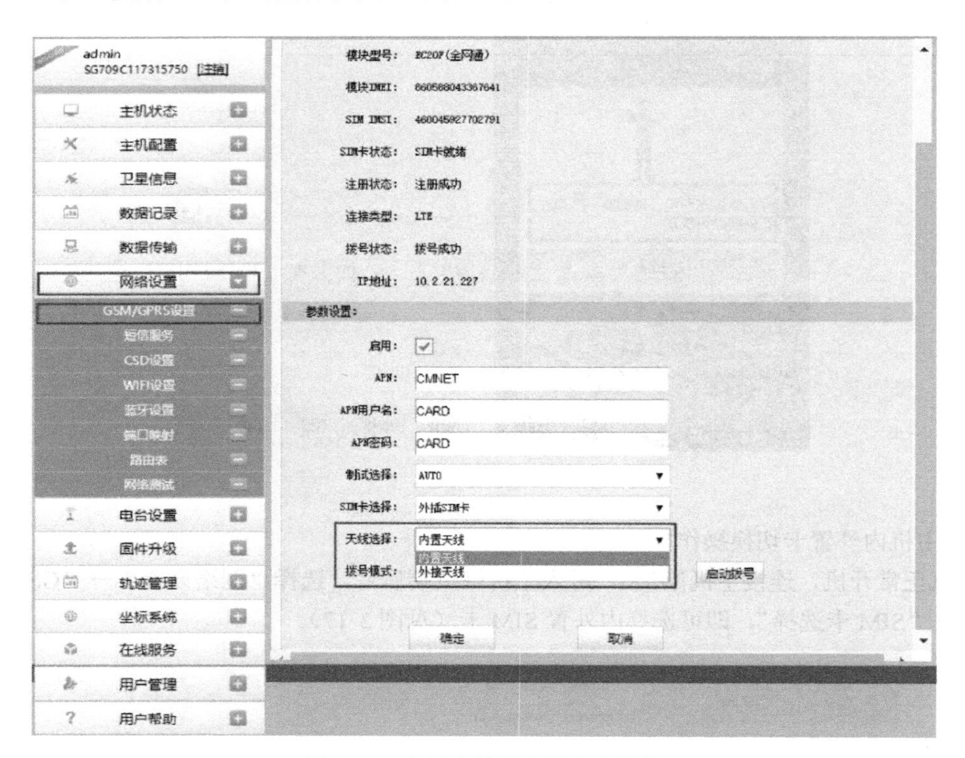

图 3-18 主机内外置天线切换操作

3.3.4 网络 RTK 系统

近几年来，一些大城市开始建立网络 RTK 系统，这种系统称为连续运行参考站（Continuously Operating Reference Stations，CORS）系统。CORS 由一个或若干个连续运行的基准站、数据处理中心、数据发布中心和用户移动站组成。

常规 GNSS-RTK 是建立在移动站与从基准站误差强相关这一假设基础上的，当移动站离基准站较远（超过 15 km）时，这种误差强相关性随移动站与基准站的间距增加变得越来越差。

CORS 采用虚拟参考站法，其基本工作原理是在一个市区（较大的区域）均匀地布设多个连续运行的参考站，根据各参考站长期跟踪的观测结果，反演出区域内 GNSS 定位的一些主要误差模型，如电离层、对流层、卫星轨道等误差模型；系统运行时，将这些误差从参考站的观测值中减去，形成所谓的“无误差”观测值，再利用无误差观测值与用户移动站观测值的有效组合，在移动站附近（几米到几十米）建立起一个虚拟参考站将移动站和虚拟参考站进行载波相位差分改正，就实现了 RTK 定位。CORS 差分改正值是多个基准站的观测资料平差的结果，已有效地消除了定位中的各种误差，亦可达到厘米级的定位精度。CORS 包括单基准站、多基准站等多种类型。下面对南方 CORS 系统进行简单介绍。

1．南方单基准站 CORS 系统

单基准站 CORS 系统只有一个连续运行参考站。类似于 1+1 的 RTK，只不过基准站由一个连续运行的基准站代替，基准站同时是一个服务器，通过软件实时查看卫星状态、存储静态数据、实时向 Internet 发送差分信息以及监控移动站作业情况。移动站通过 GPRS、CDMA 网络通信方式与基准站服务器进行通信。

单基准站 CORS 系统由以下 5 个子系统组成。

（1）基准站子系统（Reference Stations Sub-System，RSS）。

（2）系统控制中心（System Monitoring Center，SMC）。

（3）数据通信子系统（Data Communication Sub-System，DCS）。

（4）用户数据中心（User's Data Center，UDC）。

（5）用户应用子系统（User's Application Sub-System，UAS）。

单基准站 CORS 系统各子系统的定义与功能如表 3-1 所示。

表 3-1 单基准站 CORS 系统各子系统的定义与功能

系统名称	主要工作内容	设备构成	技术实现
基准站子系统（RSS）	卫星信号的捕获、跟踪、采集与传输，设备完好性监测	单个基准站	5 个基准站
系统控制中心（SMC）	数据分流与处理，系统管理与维护，服务生产与用户管理	计算机、网络设备、数据通信设备、电源设备	1 个中心
数据通信子系统（DCS）	把基准站 GNSS 观测数据传输至系统控制中心	有线网络	SDH
用户数据中心（UDC）	向用户提供数据服务	Internet、GSM	Internet、GSM
用户应用子系统（UAS）	按照用户需求进行不同精度定位	GNSS 接收设备、数据通信终端、软件系统	适于 DGNSS、WADGNSS、RTK、SP 系统

1）系统原理

单基准站 CORS 系统的原理如图 3-19 所示。

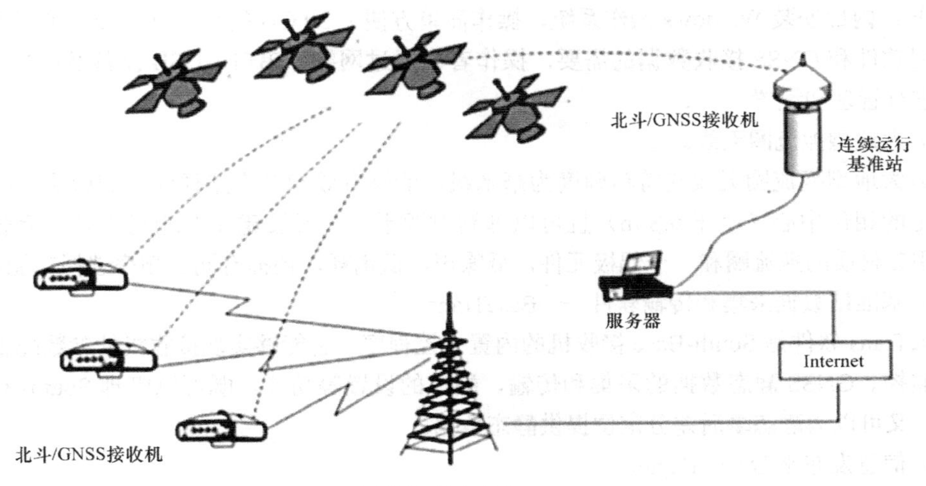

图 3-19 南方单基准站 CORS 系统的原理

2）系统运作流程

基准站连续不间断地观测 GNSS 卫星信号，获取该地区和该时间段的局域精密星历及其他改正参数，按照用户要求把静态数据打包存储并把基准站的卫星信息送往服务器上 Eagle 软件的指定位置。

移动站用户接收定位卫星传来的信号，并解算出地理位置坐标。

移动站用户的数据通信模块通过局域网从服务器的指定位置获取基准站提供的差分信息，然后输入用户单元 GNSS 进行差分解算。

移动站用户在野外完成静态测量后，可以从基准站软件下载同步时间的静态数据进行基线联合解算。

南方单基准站 CORS 系统数据流程如图 3-20 所示。

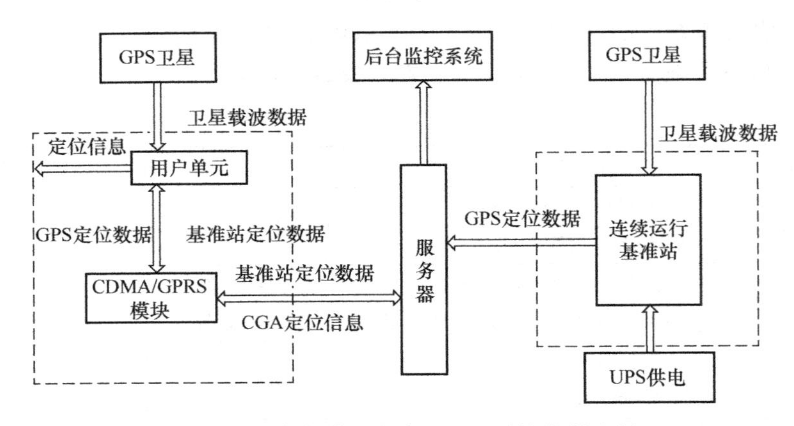

图 3-20 南方单基准站 CORS 系统数据流程

3）系统构成

（1）基准站主机——South-Base。

South-Base 参考站接收机实现了工控机硬件平台与最新型 GNSS 主板的完美结合，可用于 CORS 系统的单基准站、多参考站的 GNSS 数据接收平台。带有多种通信接口，可持续长时间稳定工作；内部安装 Windows 操作系统，操作简单方便；50 GB 的硬盘可充分满足存储操作系统、应用软件和 GNSS 接收数据的需要，操作者可通过网络、串口、USB 设备及鼠标 / 键盘对基准站进行管理和设置。

（2）大地型扼流圈天线。

南方大地型扼流圈天线支持精确度为毫米级，能够有效抑制多路径效应的影响，结合不妥协的稳定的相位中心（小于 0.8 m）且可以抑制射频干扰。天线建在大地测绘研究标准的基础上，采用铝材质的扼流圈和一个偶极元件，低噪声、低消耗，还拥有同步频率选择功能。

（3）基准站数据采集和传输软件——BaseTrans。

BaseTrans 软件是 South-Base 接收机的内置主控程序，它能够实现接收机的参数配置、卫星状况的监控、GNSS 静态数据的采集和传输、端口的设置等功能，既可以管理 South-Base 的运行状况，又可以为静态事后差分定位提供静态数据。

（4）信息发布平台——Eagle。

Eagle 是单基准站 CORS 的信息发布平台，为 TCP/IP、GPRS、CDMA 访问提供网络服务，同时是整个系统的“中央处理中心”，对参考站采集的数据进行统一管理和处理，可以为 RTK 实时定位提供多种格式的实时差分数据（RTCM、RTCM2X、RTCM3.0、CMR）；监测数据质量，实时查看当前用户的固定解情况；管理移动站用户，根据需要可设定用户登录密码、用户使用时间；监控移动站的工作情况，加入地图，随时可以看到登录移动站所在位置；连接不同的 TCP/IP 地址，管理员或用户可通过互联网查看各站运行情况，以确保系统连续运行的可靠性。

2. 南方多基准站 CORS 系统

多基准站 CORS（又称网络 CORS）系统是指分布在一定区域内的多台连续运行的基准站，每个基准站都是一个单基站系统，由控制软件自动计算移动站与从站间的距离，选择距离最近的 CORS 基准站作为 RTK 差分作业的参考站。

南方网络 CORS 系统可以在一个较大的范围内均匀地布设参考站，利用南方网络参考站系统软件（NRS），将参考站网络的实时观测数据进行系统误差建模，建立电离层、对流层、轨道误差等综合误差模型，然后对覆盖区域内移动站用户观测数据的系统误差进行计算，获得厘米级实时定位结果。

工作时，系统根据移动站位置模拟出该点的综合误差，相当于在移动站点位上生成一个“虚拟参考站”，做短基线解算。

1）系统构成

网络 CORS 系统包括控制中心、固定参考站和用户部分（GNSS 接收机）以及通信系统。其工作原理如图 3-21 所示。

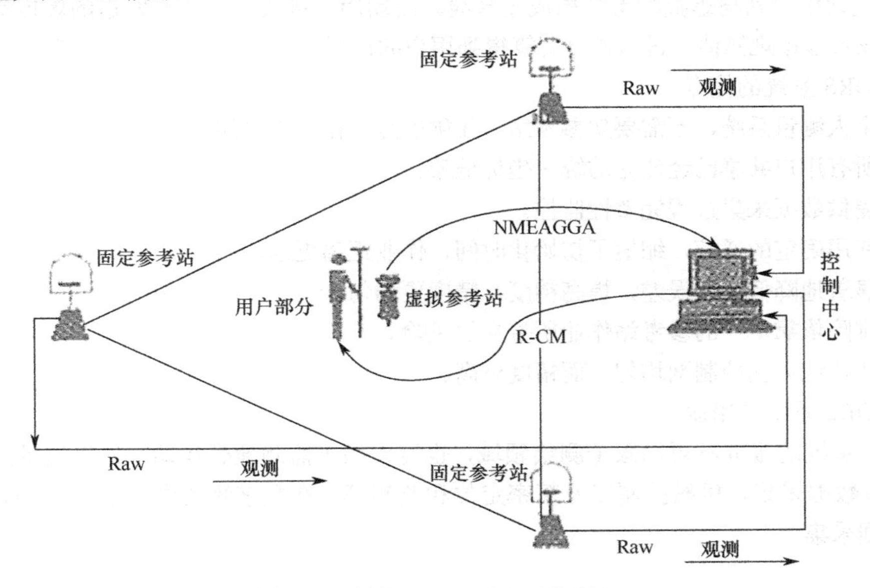

图 3-21　网络 CORS 系统工作原理

（1）控制中心。

控制中心是整个系统的核心。它既是通信控制中心，也是数据处理中心。它通过通信线（光纤）与所有的固定参考站通信；通过 Internet、无线网络与移动用户通信。计算机实时系统控制整个系统的运行，所以控制中心的软件 VFNUS 既是数据处理软件，也是系统管理软件。

（2）固定参考站。

固定参考站是固定的GNSS接收系统，分布在整个网络中，一个虚拟参考站网络可以包含无数个站，但最少需要3个站，站与站之间的距离可达70 km（传统高精度网络站间距离不过10～20 km），固定参考站与控制中心之间由通信线相连，数据实时传送到控制中心。

（3）用户部分。

用户部分就是用户的GNSS接收机，加上无线通信模块（CDMA/GPRS）。接收机通过无线网络将自己的初始位置发给控制中心，并接收控制中心的差分信号，生成厘米级的位置信息。目前，南方网络CORS系统采用通用数据格式，支持现有各种常规GNSS接收机。

2）系统作业流程

（1）各个参考站连续采集观测数据，并实时传输到数据处理与控制中心的数据库中进行网络计算。参考站原始观测数据包括GNSS载波相位以及伪距观测数据、参考站精确坐标、广播星历、气象参数、电离层拓扑信息、多路径历史信息等。

（2）计算中心在线解算GNSS参考站网内各独立基线的载波相位整周模糊度值。

（3）利用各参考站相位观测值计算每条基线上各种误差源的实际或综合误差影响值，并依此建立电离层、对流层，轨道误差等距离相关误差的空间参数模型。

（4）流动用户将单点定位或DGNSS确定的用户概略坐标（NMEAGGA格式），通过无线移动数据链传送给数据处理中心，中心在该位置创建一个虚拟参考站，利用中央计算服务器结合用户、基准站和GNSS卫星的相对几何关系，通过内插得到虚拟参考站上各误差源影响的改正值，并按RTCM格式发给流动用户。

（5）流动用户站与虚拟参考站构成短基线。流动用户接收控制中心发送的虚拟参考站差分改正信息或者虚拟观测值，进行差分解算得到用户的位置。

3）CORS系统的优点

（1）个人测量系统，不需要架参考站，无须引点，作业更方便。

（2）所有用户共享已经建立的统一坐标框架。

（3）提供数据采集过程完整性监控。

（4）使用确定的通信，缩短了初始化时间，作业距离更远。

（5）显著地降低系统误差，提高精度，精度更均匀。

（6）排除依靠单一的参考站作业所带来的风险。

（7）比传统大地控制网均匀，而精度更高。

4）CORS系统的用途

CORS系统的服务不再局限于测绘领域，也可以用于监测地壳运动，提供测量控制，支持测量、GIS数据采集、机械控制以及精密定位和监测等。在数字测图中，主要用CORS系统进行野外数据采集。

思政链接

国测一大队：把忠诚写在地球之巅

2021年2月17日晚8时，中央广播电视总台举行2020感动中国十大人物颁奖盛典，不畏艰险丈量祖国山河、67 年初心不改的自然资源部第一大地测量队（简称“国测一大队”，见图 3-22）入选“《感动中国》年度十大人物”。

图 3-22　国测一大队在海拔 5 700m 的 III7 交会测量点

他们是新中国的一支“国测劲旅”，一支英雄的“尖兵铁旅”，一支顶天立地的“开路先锋”。67 年来，他们用双脚丈量祖国大地，用经纬度描绘祖国山河，徒步行程 6 000 多万公里，相当于绕地球 1 500 多圈。

他们每年野外作业 10 个月，像候鸟一样，春天绿叶发芽时出征，树叶黄落时归来；他们爬山涉水，风餐露宿，卧冰饮雪，工作在哪里帐篷就搭在哪里，睡过草地、雪地、乱石堆甚至坟堆。

67 年来，几代测绘人前赴后继，在祖国的高原、戈壁，在人迹罕至甚至未至的地方，用青春、汗水、鲜血甚至生命一次次竖起测量标杆、标注下一个个新坐标，同时也树立起英雄群体的精神标杆和人生标杆，凝铸起“热爱祖国、忠诚事业、艰苦奋斗、无私奉献”的测绘精神丰碑。

课后思考与练习

1．什么是数字测图？
2．什么是数字地图？
3．简述数字地图的优点。
4．数字测图工作有哪些特点？
5．目前在我国数字测图工作领域中，数据采集方法主要有哪几种？

微课视频

数字测绘外业数据与内业数据处理

知识目标：

- 了解大比例尺数字测图技术设计的主要内容；
- 了解图根控制测量方法。

微课视频

技能目标：

- 能够掌握 GNSS-RTK 和计算机之间的数据传输方法；
- 能够操作南方 CASS 软件大部分菜单功能；
- 能够掌握 CASS 软件绘制构建三角网、修改三角网、绘制等高线等基本方法。

思政目标：

- 培养认真严谨的工匠精神；
- 树立一丝不苟的学习精神；
- 养成责任在心的职业意识。

思维导图：

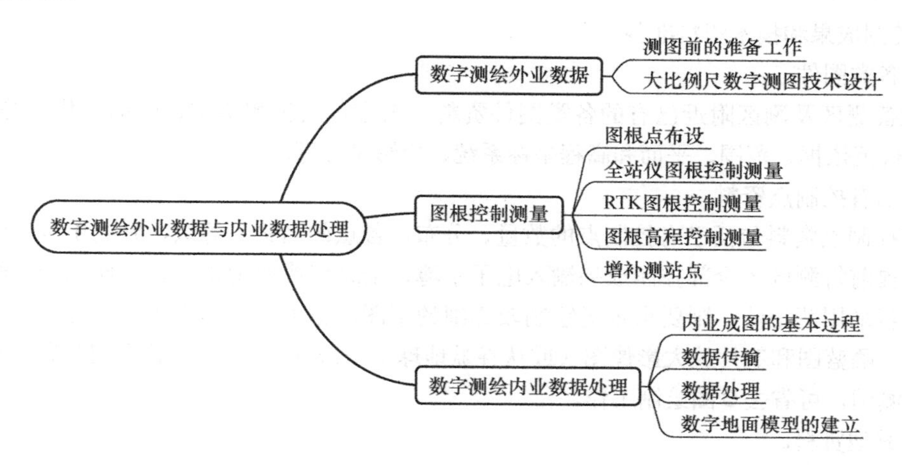

引导案例

数字测绘与城市管理

近年来，广州不断推动测绘科技创新。在市规划和自然资源局带领下，广州市规划院研发团队积极研制测绘新技术和新装备，通过物联网、5G、AI 等新技术的深度融合，构建全方位、立体化、智能化的低空遥感监测网，为智慧城市装上“天眼”；为城市规划、自然资源管理、城市管理、水务、交通等多领域提供高效、智能的测绘服务，满足“一次采集、多方利用”需求，赋能城市精细化管理，以绣花功夫实现“大城善治”。

4.1 数字测绘外业数据

接受上级下达任务或签订数字测图任务合同后，为了保证所编写的数字测图技术设计书的可行性和数据采集的顺利进行，要求在数字测图作业开始之前，做好详细周密的准备工作（实施前的测区踏勘、资料收集、器材筹备、观测计划拟订、仪器设备检校等），在此基础上进行大比例尺数字测图技术设计，并编写技术设计书。

4.1.1 测图前的准备工作

1. 仪器器材与资料准备

根据任务的要求，在实施外业测量之前精心准备好所需的仪器、器材、控制成果和技术资料等是非常关键的。

1）仪器、器材准备

仪器、器材主要包括全站仪、GNSS 接收机、脚架、电子手簿或便携机、对讲机、备用电池、数据线、花杆、棱镜、钢尺、皮尺、计算器、草图本、测伞等。仪器必须经过严格的检校且有充足电量方可投入工作。当然，仪器设备的性能、型号精度、数量与测量的精度、测区的范围、采用的作业模式等有关，各个测区和作业单位的设备配备会有所不同，所以必须根据实际情况认真准备。

2）控制成果和技术资料准备

（1）各类图件。

应准备测区及测区附近已有的各类图件资料，内容包括施测单位、施测年代、等级精度、比例尺、规范依据、范围、平面和高程坐标系统、投影带号等。

（2）已有控制点资料。

已有控制点资料包括已有控制点的数量、分布，各点的名称、等级、施测单位、保存情况等。最好提前将测区的全部控制成果输入电子手簿、全站仪或便携机，以方便调用。野外采集数据时，若采用测记法，则要求现场绘制较详细的草图，也可在工作底图上进行，底图可以用旧地形图、晒蓝图和航片放大影像图（或从谷歌地球上下载的影像图）。若采用简码识别法或电子平板法测图，可省去草图绘制工作。

（3）其他资料。

其他资料包括测区有关的地质、气象、交通、通信等方面资料，以及城市与乡村行政区划表等。

2. 实地踏勘与测区划分

1）实地踏勘

测区实地踏勘主要调查了解以下内容。

（1）交通情况。公路、铁路、乡村便道的分布及通行情况等。

（2）水系分布情况。江河、湖泊、池塘、水渠分布，桥梁、码头及水路交通情况等。

（3）植被情况。森林、草原、农作物的分布及面积等。

（4）控制点分布情况。三角点、水准点、GNSS点、导线点的等级、坐标、高程系统，点位数量及分布，点位标志的保存状况等。

（5）居民点分布情况。测区内城镇、乡村居民点的分布，食宿及供电情况等。

（6）当地风俗民情。各民族的分布、民俗和地方方言、习惯及社会治安情况等。

2）测区划分

为了方便多个作业组同时作业，以提高效率，在野外数据采集之前，常将整个测区划分成多个小区域（作业区）。数字测图不需要按图幅测绘，而是以道路、河流、沟渠等明显线状地物或山脊线为界，将测区划分成若干个作业区，分块测绘。对于地籍测址来说，一般以街坊为单位划分作业区。分区原则是各作业区之间的数据尽可能独立。对于跨作业区的线状地物（如河流），应测定其方向线，以供内业编绘。

3．人员配备及组织协调

1）人员配备

根据任务的实际情况，往往需要对外业人员进行分组。以一个作业小组人员配备为例，使用全站仪测记法无码作业时，通常需观测员1人、跑尺员（司镜员）1～2人（也可酌情增减）、领尺员1人；使用全站仪测记法有码作业时，则配备观测员1人、跑尺员（司镜员）1～3人；使用电子平板作业时，则测站配备1～2人，跑尺员（司镜员）1～2人；使用GNSS-RTK作业模式时，则基准站配备1人，每个移动站配备1～2人。

以上人员配置并非绝对，可根据情况做一定调整，但领尺员是作业小组的核心，负责画草图和内业成图，他必须与测站保持良好的联系，保证草图上的点号和手簿上的点号一致，有时还需对跑尺员进行必要的指挥，所以须安排技术过硬和经验丰富的人来担任。

2）组织协调

数字测图不仅涉及作业单位内部的分工协调，还涉及委托方和主管部门、测绘单位和测区的各家各户。因此，作业单位在做好内部分工的同时，还必须做好与外部的协调联系工作。这一环节的工作主要是首先与委托方或主管部门协调数字测图工作的具体时间，测区范围大小，测绘内容、深度及作业工期要求，测图比例尺，数字测图经费，如何收集资料以及其他涉及测绘的相关工作如何落实等问题；然后根据技术力量的状况组织工作队伍（通常应成立技术指导与跟踪检查组和数字测图作业小组），落实各项任务，分工明确，并保证责任到人。

4.1.2 大比例尺数字测图技术设计

在数字测图前，为了保证测量工作在技术上合理可靠，经济上节省人力、物力，有计划、有步骤地开展工作，一般应精心编写数字测图技术设计书。对于小范围的大比例尺数字测图、修测或补测等，可根据实际情况只作简单的技术说明。

所谓技术设计，就是根据测图比例尺、测图面积和测图方法以及用图单位的具体要求，结合测图的自然地理条件和本单位的仪器设备、技术力量及资金等情况，灵活运用测绘学的有关理论和方法，制订在技术上可行、经济上合理的技术方案、作业方法和实施计划，并将其按一定格式编写成技术设计书。

1. 技术设计的意义

测绘技术设计的目的是制订切实可行的技术方案，保证测绘成果（或产品）符合技术标准和满足顾客要求，并获得最佳的社会效益和经济效益。因此，每个测绘项目作业前应进行技术设计。

数字测图技术设计规范了整个数字测图过程的技术环节。从硬件配置到软件选配，从测量方案、测量方法及精度等级的确定，数据的记录计算，图形文件的生成、编辑及处理，直到各工序之间的配合与协调和检查验收要求等，以及各类成果数据和图形文件符合规范、图式要求和用户的需要。各项工作都应在数字测图技术设计的指导下开展。

数字测图技术设计是数字测图最基本的工作。技术设计书须呈报上级主管部门或测图任务的委托单位审批，并按规定向测绘主管部门备案，未经批准不得实施。当技术设计需要作原则性修改或补充时，须由生产单位或设计单位提出修改意见或补充稿，及时上报原审批单位核准后方可执行。

2. 数字测图技术设计的主要依据

1）上级下达的测绘任务书或测绘合同

测绘任务书或测绘合同是测绘施工单位上级主管部门或合同甲方下达的技术要求文件。这种技术文件是指令性的，它包含工程项目或编号、设计阶段及测量目的、测区范围（附图）及工作量、对测量工作的主要技术要求和特殊要求，以及上交资料的种类和时间等内容。

数字测图方案设计，一般是依据测绘任务书提出的数字测图的目的、精度、控制点密度、提交的成果和经济指标等，结合规范（规程）规定和本单位的仪器设备、技术人员状况，通过现场踏勘具体确定加密控制方案、数字测图的方式、野外数字采集的方法以及时间、人员安排等内容。

2）有关的技术规范、规程、图式

数字测图测量规范（规程）是国家测绘管理部门或行业部门制定的技术法规，目前数字测图技术设计依据的规范（规程）有以下几种。

（1）《国家基本比例尺地图图式第一部分：1∶500、1∶1 000、1∶2 000 地形图图式》（GB/T 20257.1—2017）。

（2）《1∶500、1∶1 000、1∶2 000 地形图数字化规范》（GB/T 17160—2008）。

（3）《基础地理信息要素分类与代码》（GB/T 13923—2022）。

（4）《1∶500、1∶1 000、1∶2 000 外业数字测图规程》（GB/T 14912—2017）。

（5）《工程测量标准》（GB 50026—2020）或《城市测量规范》（CJJ/T 8—2011）。

（6）《地籍测绘规范》（CH 5002—1994）《地籍图图式》（CH 5003—1994）《房地产测量规范》（GB/T 17986—2000）等。

（7）《测绘技术设计规定》（CH/T 1004—2005）。

（8）测绘任务书中要求的执行的有关技术规程、规范。

此外，还包括地形测量的生产定额、成本定额和装备标准，测区已有的资料等。

3. 技术设计的基本原则

技术设计是一项技术性和政策性非常强的工作，设计时应遵循以下基本原则。

（1）技术设计方案应充分考虑顾客的要求，引用适用的国家、行业或地方的相关标准，重视社会效益和经济效益。

（2）技术设计方案应先考虑整体而后局部，且顾及发展；要根据作业区实际情况考虑作业单位的资源条件（如人员的技术能力和软、硬件配置情况等），挖掘潜力，选择最适用的方案。

（3）积极采用适用的新技术、新方法和新工艺。

（4）认真分析和充分利用已有的测绘成果（或产品）和资料，对于外业测量，必要时应进行实地勘察，并编写踏勘报告。

（5）当测图面积非常大，需要的工期较长时，可根据用图单位的规划和轻重缓急将测区划分为几个小区域，分别进行技术设计；当测区较小时，技术设计的详略可根据情况确定。

4. 技术设计书的主要内容

设计人员必须明确任务的要求和特点、工作量和设计依据及设计原则，认真做好测区情况的踏勘、调查和分析工作，对设计书负责。在此基础上做出切实可行的技术设计。技术设计要求内容明确，文字精练：对作业中容易混淆和忽视的问题，应重点叙述：使用的名词、术语、公式、代号和计量单位等应与有关规范和标准一致。技术设计书主要包含以下内容。

1）任务概述

说明任务来源、测区范围、地理位置、行政隶属、成图比例尺、采集内容、任务量等基本情况。

2）测区自然地理概况和已有资料情况

（1）测区自然地理概况。

根据需要说明与设计方案或作业有关的测区自然地理概况，内容包括测区地理特征、居民地、交通、气候情况和困难类别等。

（2）已有资料情况。

说明已有资料的施测年代，采用的平面、高程基准，资料的数量、形式，主要质量情况和评价，利用的可能性和利用方案等。

3）引用文件

说明专业技术设计书编写中所引用的标准、规范或其他技术文件。主要包括以下几种。

（1）上级下达的测绘任务书、数字测图委托书（或测绘合同）。

（2）本工程执行的规范及图式，其中要说明执行的定额及工程所在地的地方测绘管理部门出台的适合本地区的一些技术规定等。

（3）成果（或产品）规格和主要技术指标：说明作业或成果的比例尺、平面和高程基准、投影方式、成图方法、成图基本等高数据精度、格式、基本内容以及其他主要技术指标等。

4）设计方案

设计方案内容主要包括以下几点。

（1）规定测量仪器的类型、数量、精度指标以及对仪器校准或检定的要求，规定作业所需的专业应用软件及其他配置。

（2）图根控制测量：规定各类图根点的布设，标志的设置，观测使用的仪器、测量方法和测量限差的要求等。

（3）规定作业方法和技术要求：规定野外地形数据采集方法，包括采用全站型速测仪、平板仪、GNSS 测量等；规定野外数据采集的内容、要素代码精度要求；规定属性调查的内容和要求；对于 DEM，应规定高程数据采集的要求；规定数据记录要求，如数据编辑、接边、处理、检查和成图工具等要求；对于 DEM 和 DTM，还应规定内插 DEM 和分层设色的要求等。

（4）其他特殊要求：拟订所需的主要物资及交通工具等，指出物资供应、通信联络业务管理以及其他特殊情况下的应对措施或对作业的建议等；采用新技术、新仪器测图时，需规定具体的作业方法、技术要求、限差规定和必要的精度估算和说明。

5）质量控制环节和质量检查的主要要求

质量控制的核心是在数字测图的每一个环节采取所制订的技术和管理的措施、方法控制各环节的质量。应重点说明数字测图各环节的检查方法、要求。

检查验收方案应重点说明数字地形图的检测方法、实地检测工作量和要求，中间工序检查的方法与要求，自检、互检、组检方法和要求，各级各类检查结果的处理意见等。

6）规定应提交的资料

按规定上交和归档相关成果及其资料。

7）建议与措施

每个数字测图项目的实际情况总是不尽相同的，在工程的具体实施过程中势必会出现各种各样的问题，各类突发事件也时常发生。为顺利按时完成测图任务、确保工程质量，技术设计书中不仅应就如何组织力量、保证质量、提高效益等方面提出建议，而且应充分、全面、合理预见工程实施中可能遇见的技术难题、组织漏洞和各类突发事件等并针对性地制订处理预案，提出切实可行的解决方法。

此外，应说明业务管理、物资供应、食宿安排、交通设备、安全保障等方面必须采取的措施。

4.2 图根控制测量

当测图高级控制点的密度不能够满足大比例尺数字测图的需求时，需加密适当数量的图根控制点，直接供测图使用，这项工作称为图根控制测量。它是碎部测量之前的一个重要环节，在较小的独立测区测图时，图根控制可以作为首级控制。野外数据采集包括两个阶段，即图根控制测量和地形特征点（碎部点）采集。

图根控制测量包括图根平面控制测量和图根高程控制测量。

图根平面控制点的布设，可采用图根导线、图根三角、交会方法和 GNSS-RTK 等方法。常用的导线测量方法有一步测量法和支站法等。

4.2.1 图根点布设

图根控制点（包括已知高级点）布设的密度，应根据地形复杂、破碎程度或隐蔽情况而决定。如果利用全站仪采集碎部点，就常规成图方法而言，一般以在 500 m 以内能测到碎部点为原则。一般平坦而开阔的地区每平方千米图根点的密度，对于 1∶2 000 比例尺测图不少于 4 个，对于 1∶1 000 比例尺测图不少于 16 个，对于 1∶500 比例尺测图不少于 64 个图根点。相对于图根起算点的点位中误差，按测图比例尺确定：对于 1∶500 比例尺不应大于 5 cm，1∶1 000、1∶2 000 比例尺不应大于 10 cm。高程中误差不应大于测图基本等高距的 1/10。

图根点应视需要埋设适当数量的标石，城市建设区和工业建设区标石的埋设，应考虑满足地形图修测的需要。

4.2.2　全站仪图根控制测量

利用全站仪进行图根平面控制测量，可采用图根导线（网）、极坐标法（引点法）、辐射法、一步测量法和交会法等方法布设。在各等级控制点下加密图根点，不宜超过二次附合。在难以布设附合导线的地区，可布设成支导线。测区范围较小时，图根导线可作为首级控制。图根导线的测量方法及相关技术要求请查阅相关规范，在此不再赘述。

1．极坐标法

采用光电测距极坐标法测量时，应在等级控制点或一次附合图根点上进行，且应联测两个已知方向，其边长按测图比例尺确定：对于 1∶500 比例尺不应大于 300 m，对于 1∶1000 比例尺不应大于 500 m，对于 1∶2000 比例尺不应大于 700 m。采用光电测距极坐标法所测的图根点，不应再次发展。

2．辐射点法

辐射点法就是在某一通视良好的等级控制点上，用极坐标测量方法，按全圆方向观测方式，依次测定周围几个图根控制点。这种方法的优点：一是图根点只需与测站通视，易于选择有利于测图的最佳位置；二是无须平差计算，可直接获得坐标，只要采取一定的措施，相对于测站的点位精度可控制在 5 cm 之内，常用于以地形图为主的大比例尺数字测图。为了保证图根点的可靠性，一般要变换定向点进行两次观测。该方法可连续进行，通常不超过 3 站，且每站都应变换定向点进行检核。

3．一步测量法

对于小范围区域测图，有些成图软件有“一步测量法”功能，不需要单独进行图根控制测量。一步测量法就是在图根导线选点、埋石以后，利用全站仪将图根导线测量与碎部测量同时作业，在测定导线后，提取各条导线测量数据进行导线平差，而后按图根导线点的新坐标对碎部点进行坐标重算，这样可以提高外业工作效率。

一步测量法示意图如图 4-1 所示，先在已知坐标的控制点 V_{501} 上设测站，在该测站上先测出下一导线点 C_1（图根点）的坐标，然后再施测本测站的碎部点 30、36、56、50 的坐标，并可实时展点绘图。搬到下一测站 C_1，其坐标已知，测出下一导线点 C_2 的坐标，再测本站碎部点 40、41 点坐标……待导线测到 C_5 测站，可测得 V_{511} 点坐标，记作 V_{511}' 点。V_{511}' 点坐标与 V_{511} 点已知坐标之差，即为该附合导线的闭合差。若闭合差在限差范围之内，则可平差计算出各导线点的坐标。为提高测图精度，可根据平差后的坐标值，重新计算各碎部点的坐标，然后再显示成图。若闭合差超限，则想办法查找出导线错误之处，返工重测，直至闭合为止。但这个返工工作量仅限于图根点的返工，而碎部点原始测量的数据仍可利用，闭合后，重算碎部点坐标即可。

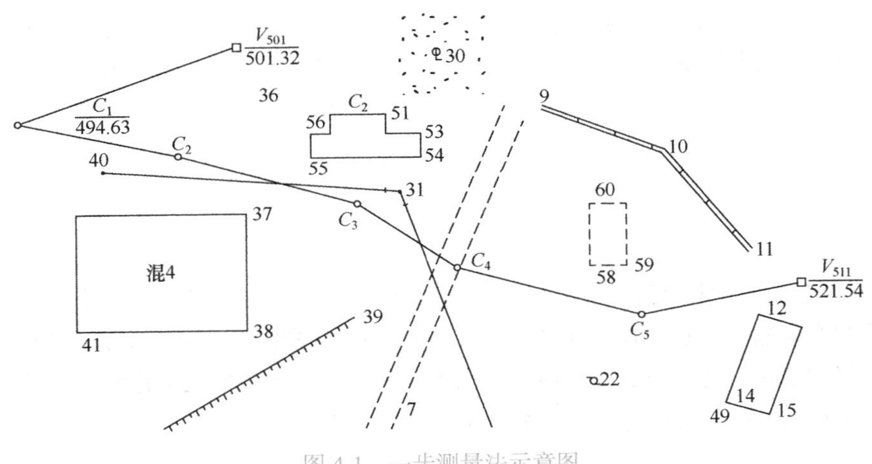

图 4-1 一步测量法示意图

4.2.3 RTK 图根控制测量

随着 RTK 技术的快速发展，目前利用 GNSS-RTK 进行图根控制测量在数字测图中已得到普遍使用，在一般地形区域，具有速度快、作业面积大、不传递误差等特点。特别是在开阔的测区，GNSS-RTK 图根控制测量更能充分发挥其优越性。RTK 图根控制测量的相关要求如下。

（1）RTK 图根点标志宜采用木桩、铁桩或其他临时标志，必要时可埋设一定数量的标石。

（2）RTK 图根点测量时，地心坐标系与地方坐标系的转换参数的获取方法一般是在测区现场通过点校正的方法获取。

（3）RTK 图根点高程的测定，通过移动站测得的大地高减去移动站的高程异常获得。移动站的高程异常可以采用数学拟合方法、似大地水准面精化模型内插等方法获取，也可以在测区现场通过点校正的方法获取。

（4）RTK 图根点测量移动站观测时应用三脚架对中整平，每次观测历元数应大于 20 个。

（5）RTK 图根点测量平面坐标转换残差不应大于图上 ±0.07 mm。RTK 图根点测量高程拟合残差不应大于 1/12 基本等高距。

（6）RTK 图根点测量平面测量各次测量点位较差不应大于图上 0.1 mm，高程测量各次测量高程较差不应大于 1/10 基本等高距，各次结果取中数作为最后结果。

4.2.4 图根高程控制测量

图根点的高程应采用图根水准测量或电磁波测距三角高程测量。图根水准可沿图根点布设为附合路线、闭合路线或结点网。图根水准测量应起始于不低于四等精度的高程控制点。当水准路线布设成支线时，应采用往返观测，其路线长度不应大于 2.5 km。当水准路线组成单结点时，各段路线的长度不应大于 3.7 km。

电磁波测距三角高程测量附合路线长度不应大于 5 km，布设成支线不应大于 2.5 km。仪器高、坐标高量取至毫米。其路线应起闭于图根以上各等级高程控制点。

4.2.5 增补测站点

数字测图时应尽量利用各级控制点作为测站点，但由于地表上的地物、地貌有时是极其复杂零碎的，要全部在各级控制点上采集到所有的碎部点往往比较困难，因此，除了利用各级控制点，还要增补测站点。

增补测站点是在控制点或图根点上，采用极坐标法、支导线法、自由设站法等方法测定测站点的坐标和高程。数字测图时，测站点的点位精度，相对于附近图根点的中误差不应大于 $0.2\times M\times10^{-3}$ m（M 为算术平均值的中误差），高程中误差不应大于测图基本等高距的 1/6。利用极坐标法、支导线法增补测站点的原理与传统测图方法完全一致。这里只介绍自由设站法。自由设站就是使用全站仪在一个未知坐标的测站点 P 上观测 N 个已知控制点（观测方向数受全站仪内置程序限制，一般不超过 5 个），根据观测值（方向值及距离）和控制点坐标先计算出测站点 P 的近似坐标，然后列出方向和边长的误差方程式，经过间接平差计算测站点 P 的平面坐标。测站点 P 的高程由电磁波测距三角高程测量方法求得，该方法的优点在于要求的控制点数目少，设站基本上不受图形限制，测站点的平面坐标按间接平差计算，具有较高的平面精度。

进行自由设站时，根据联测控制点数的不同，分为 3 种情况：一是用方向和距离联测 2 个控制点，如图 4-2（a）所示；二是用方向联测 3 个控制点，如图 4-2（b）所示；三是用多余观测进行自由设站，如图 4-2（c）所示。只联测 3 个控制点的方向进行自由设站和后方交会相同，没有多余观测和检查条件，一般不宜采用。

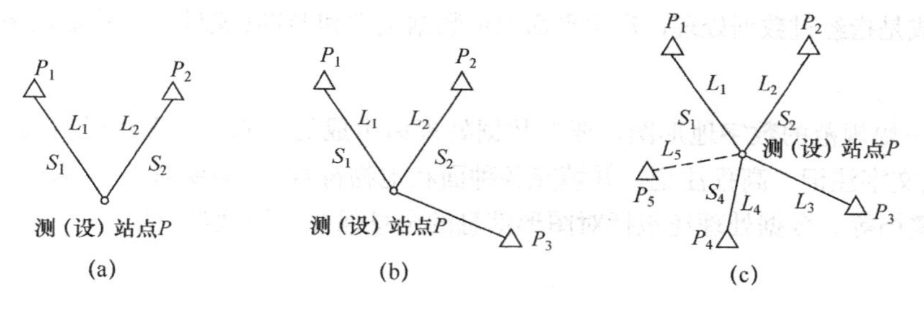

图 4-2　自由设站法

使用全站仪自由设站时，设站操作完成后，全站仪会自动完成测站和定向设置（不用另行进行测站和后视设置），可直接进入碎部点数据采集。

在地形琐碎、水线地形复杂地段，小沟、小山脊转弯处，房屋密集的居民地，以及雨裂冲沟繁多的地方，对测站点的数量要求会多一些，切忌用增补测站点做大面积的测图。

4.3　数字测绘内业数据处理

4.3.1　内业成图的基本过程

内业成图就是指在数据采集以后到图形输出之前对采集的数据进行各种处理，得出图形数据（即数字地图）的过程。

内业成图过程主要包括数据传输、数据预处理、数据转换、数据计算、图形生成、图形编辑与整饰、图形信息的管理与应用等几个方面。

1．数据传输

数据传输是指将全站仪（GNSS-RTK 或其他设备）采集的数据传输给计算机，或将计算机上的控制成果数据传输给全站仪等。

2．数据预处理

数据预处理包括坐标变换、各种数据资料的匹配、图形比例尺的统一、不同结构数据的转换等。

3．数据转换

数据转换内容很多，如将野外采集到的带简码的数据文件或无码数据文件转换为带绘图编码的数据文件，供自动绘图使用；或将 AutoCAD 的图形数据文件转换为 GIS 的交换文件等。

4．数据计算

数据计算主要是针对有关地貌关系的数据。当数据输入计算机后，为建立 DTM 而绘制等高线时，需要进行插值模型建立、插值计算、等高线光滑处理 3 个阶段的工作；在计算过程中，需要给计算机输入必要的数据，如插值等高距、光滑的拟合步距等，必要时还需对差值模型进行修改，其余的工作都由计算机自动完成。此外，数据计算还包括对房屋类呈直角拐弯的地物进行误差调整，消除非直角化误差等。

5．图形生成

图形生成是指经过数据处理，产生平面图形数据文件和 DTM 文件，这就是数字地图的雏形。

6．图形编辑与整饰

想得到一幅规范的数字地形图，要对数据处理后生成的“原始”图形进行修改、编辑、整饰；还需加上文字注记、高程注记，并填充各种面状地物符号；还需要对整个测区图形进行拼接、分幅和图廓整饰等。数据处理还包括对图形信息的全息保存、管理与应用。

4.3.2 数据传输

数据传输的作用是完成电子手簿或全站仪等数据采集设备与计算机之间的数据相互传输。而实现电子手簿或全站仪等数据采集设备与计算机之间的正常通信，作业前一般要对全站仪、电子手簿、计算机等进行必要的参数设置。

在进行数据传输前，首先应熟悉全站仪的通信参数，以便在传输数据过程中实现人机对话，选择正确的参数。然后选择正确的通信数据线将全站仪与计算机连接，即可进行计算机与全站仪间的数据传输。

1．由全站仪到计算机的数据传输

每次外业数据采集完成之后应该及时地将数据传输到计算机，这样既可以保证下次作业时仪器有足够的存储空间，也降低了数据丢失的可能性。全站仪与计算机之间的数据传输方式主要有以下几种。

（1）采用南方 CASS 9.0 成图软件下载全站仪数据。

（2）采用全站仪品牌专用的传输软件下载数据，如南方测绘公司的南方全站仪数据传输软件 NTS、拓普康的 T-COM 等。

（3）直接使用 USB 接口连接计算机读取内存数据。

（4）使用全站仪机身附带 USB 接口，直接插 U 盘下载数据（尤其是带 Windows CE 操作系统的全站仪）。

（5）使用全站仪机身附带 SD 卡接口，直接插 SD 卡，将全站仪数据导出到 SD 卡；

（6）使用蓝牙等无线下载数据。

以上 6 种方法中，对于老式的全站仪主要使用前面两种方法传输数据，近几年新出的全站仪可以使用后 4 种方法。本节只介绍前两种数据传输方法。

2．采用南方 CASS 9.0 软件下载全站仪数据

1）硬件连接

打开计算机进入 CASS 9.0 系统，查看仪器的相关通信参数，选择正确的数据线将全站仪与计算机正确连接。

2）设置通信参数

执行“数据”菜单→“读取全站仪数据”命令，在弹出的“全站仪”对话框（见图 4-3）中选择相应型号的仪器（如南方 NTS342 系列），设置通信参数（通信口、波特率、校验、数据位、停止位等），且应与全站仪内部通信参数设置相同。选择文件保存位置，输入文件名，并选中“联机”选项。

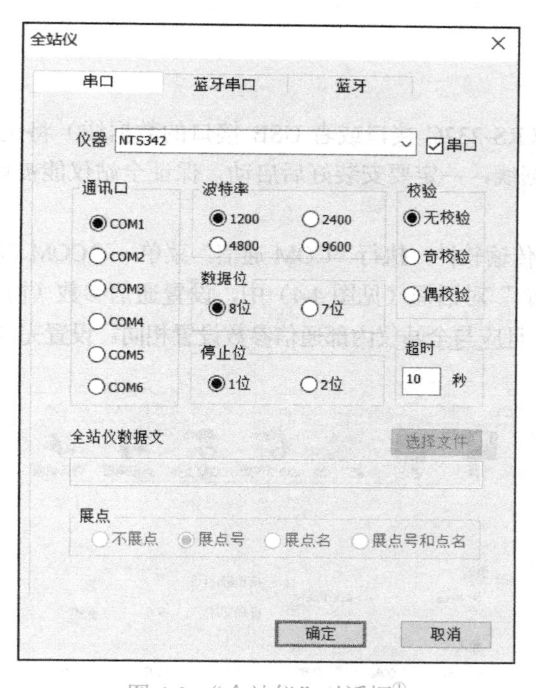

图 4-3 “全站仪”对话框①

3）传输数据

单击“转换”按钮，弹出“计算机等待全站仪信号提示”对话框，按对话框提示顺序操作，命令区便逐行显示点位坐标信息，直至通信结束。如果想将以前传过来的数据进行数据转换，可先选好仪器类型，再将仪器型号后面的“联机”选项取消。这时通信参数全部变灰。接下来，在“通信临时文件”选项中填上已有的临时数据文件，再在“CASS 坐标文件”选项中填上转换后的 CASS 9.0 坐标数据文件的路径和文件名，单击“转换”即可。

① 图中“通讯”的正确表述应为“通信”，余同。

如果是用测图精灵采集数据，要将坐标数据和图形数据传输到计算机中，供 CASS 9.0 进一步处理。用测图精灵测完图后，进行保存时，形成扩展名为“*.SPD”的图形文件。执行测图精灵的“测量”菜单→“坐标输出”命令，可得到 CASS 的标准坐标数据文件（扩展名为“*.DAT”）。

测图精灵外业结束后，可将“*.SPD”文件复制到计算机上，在 CASS 9.0 测图系统中进行图形重构。具体操作如下。

执行“数据”→“测图精灵数据格式转换\读入”命令，出现“输入测图精灵图形数据文件名”对话框，从测图精灵中找到要传的图形数据文件，单击“打开”按钮，系统读入“*.SPD”格式图形数据，并自动进行图形重构，生成“*.DWG”格式图形文件，与此同时还生成原始测址数据文件“*.HVS”和坐标数据文件“*.DAT”。

如果要将一幅 AutoCAD 格式的图（扩展名为“*.DWG”）转到测图精灵中进行修测或补测，可执行“数据”→“测图精灵格式转换转出”命令，将 CASS 系统下的图形转成测图精灵的“*.SPD”图形文件。

3. 采用全站仪品牌专用的传输软件下载数据（以南方全站仪数据传输软件、南方 362R 全站仪为例）

1）硬件连接

选择正确的数据线（RS-232C 接口或者 USB 接口的数据线）将全站仪与计算机正确连接。如果采用 USB 接口的数据线，一定要安装好后启动，保证全站仪能被计算机识别。

2）设置通信参数

打开南方全站仪数据传输软件，执行“COM 通信”菜单→“COM 口通信参数”命令，在弹出的“COM 口通信参数设置 ”对话框（见图 4-4）中，设置通信参数（协议、通信口、波特率、校验、数据位、停止位等），且应与全站仪内部通信参数设置相同。设置完成后，单击“确定”按钮。

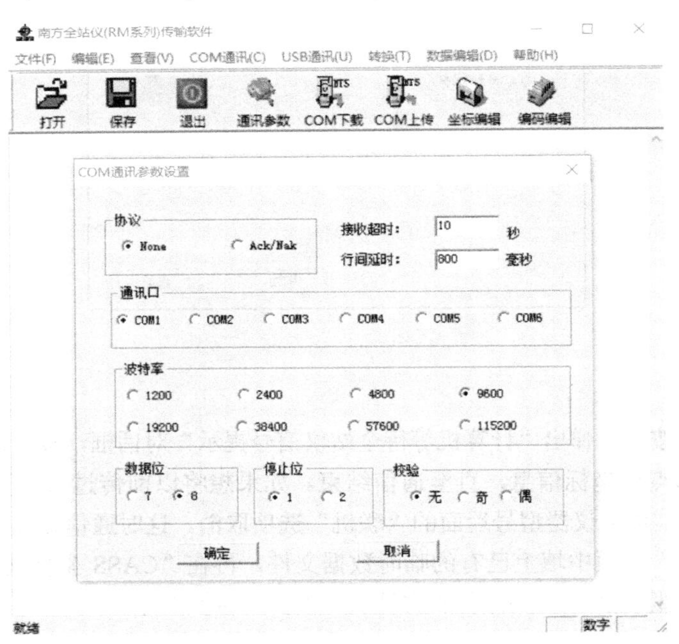

图 4-4 “COM 口通信参数设置”对话框

3）传输数据

执行“COM 通信”菜单→“300 格式下载（原始数据）”命令，弹出提示信息“请先在微机上回车，然后在全站仪上回车”。按提示顺序操作，屏幕窗口区便逐行显示点位坐标信息，直至通信结束。

4）数据格式转换

如果要使用南方 CASS 成图，在南方全站仪传输软件里可以直接转换为 CASS 可以使用的数据格式，执行“转换”→“NTS300 坐标”→“CASS300 坐标”即可。

4. 由计算机到全站仪的数据传输

在实际作业过程中，有时也需要将计算机上的数据导入全站仪或电子手簿，如控制点坐标文件。CASS 9.0 系统的“坐标数据发送”命令可实现由计算机到全站仪或计算机到 E500 的数据传输。首先将需要上传的坐标数据文件按照 CASS 数据文件格式编辑好，然后在 CASS 9.0 中执行“数据”→“坐标数据发送”→“微机”→“南方 NTS320”命令，再按提示操作即可实现。

值得一提的是，在数据通信过程中，一般接收方应先于发送方处于接收状态，发送方才开始向接收方发送数据，以避免数据传输的丢失。

1）由计算机到 GNSS-RTK 手簿的数据传输

在野外进行数据采集时，工程之星软件存储原始文件数据格式是 RTK 格式文件，文件名格式为“*.RTK”，工程之星转换后数据格式为“*.DAT”。存储数据格式如下。

（1）RTK 文件数据格式。

“Rem Version Ver1.00.050603

Rem DataTime 2005-10-11 16：01：32.00

Rem Datums 0 6378245.0 298.300000000

Rem Projection 114.0000 0 500000 1.0000 0.0000

Rem Seven 0 0.00000000 0.00000000 0.00000000 0.00000000 0.00000000 0.000000000.00000000

Rem Difang 0 0.0000 0.0000 0.00000000 1.00000000

Rem Nihe 0 0.00000000 0.00000000 0.00000000 0.00000000 0.00000000 0.000000000.00000000 0.00000000

Rem BaseStation 2558738.755 435131.149 23.559 23.0735580003 113.220011999323.559

Rem BaseStation 2558738.755 435131.49 23559 230735580003 113220011999323.559

Rem BaseStation 2558738.755 435131.149 23.559 23.0735580003 113.220011999323.559”

格式说明：Rem Version——版本号；

Rem DataTime——文件建立日期；

Rem Datums——椭球参数；

Rem Projection——投影参数；

Rem Seven——七参数；

Rem Difang——地方转换参数（四参数）；

Rem Nihe——高程拟合参数；

Rem BaseStation——基准站信息。

“p1，23.0734734806，113.2159158371，23.145，00000000，0.000，10，0.006，0.0256，2.900，16：01：32.000，1 p2，23.0734682987，113.2159298562，23.442，00000000，2.000，10，0.011，0.0566，2.900，16：01：59.000，1

p3，23.0735030211，113.2159419975，23.812，00000000，2.000，10，0.009，0.0246，2.900，16：02：21.000，1

……”

格式说明：点名，纬度，经度，高程，属性，天线高，点存储状态（固定解），平面精度，高程精度，卫星颗数，PDOP，时间，（一般）存储方式。

（2）DAT 文件数据格式。

“p1，99974.117，19972.526，51.586，00000000，10，0.006，0.025，6，2.90，16：01：32.00，0.0000，0.0000，0.000

p2，99972.505，19976.508，49.882，00000000，10，0.011，0.056，6，2.90，16：01：59.00，0.0000，0.0000，2.000

p3，99983.172，19980.009，50.252，00000000，10，0.009，0.024，6，2.90，16：02：21.00，0.0000，0.0000，2.000

……”

格式说明：点名，*X* 坐标，*Y* 坐标，高程，属性，点存储状态（固定解），平面精度，高程精度，卫星颗数，PDOP，时间，缺省，缺省，天线高。

2）其他数据传输方式

不同厂家生产的 GNSS-RTK 的数据传输过程不同，下面介绍科力达风云 K9V 的数据传输过程。

（1）Microsoft ActiveSync 数据传输。

① 在数据导出前，先在计算机中安装微软同步软件 Microsoft ActiveSync。

② 对采集的数据进行转换。工程之星软件提供了用户所需要的各种数据格式转换形式，在移动站手簿的工程之星初始界面单击“工程”→“文件输出”，在文件格式转换输出对话框的数据格式里面选择需要输出的格式，南方 CASS 的数据格式为“点名，编码，*Y* 坐标，*X* 坐标，高程”。

③ 选择数据格式后，单击“源文件”，选择需要转换的原始数据文件，然后单击“确定”。

④ 输入目标文件（转换后）的名称，单击“确定”，然后单击“转换”→“ok”，转换后的数据文件保存在“Flash DiskiJobs10901\datal”里面，格式如下：

“p1，00000000，505289.844，4577370.459，174.789

p2，00000000，505297.188，4577375.755，175.927p3，00000000，505302.308，4577379.381，176.024…”

⑤ 用传输线连接 PISION 手薄和计算机，Microsoft ActiveSync 自动启动。

⑥ 与计算机连接后，手簿就是计算机的一个盘符，可以像操作硬盘一样来操作手薄中的文件。选择好路径后，将外业采集的并经过转换的数据文件复制到计算机中即可。

（2）USB 数据传输。

在数据导出前在计算机中安装 USB 驱动，打开工程之星软件，单击“工程”→“文件导出 / 导入”→“选择导出文件类型、原始测量文件、文件存放的路径”→“导出”，再将手簿和计算机连接通信，打开“我的计算机”的移动设备，进入保存文件的 EGiobs 文件夹找到相应工程文件名，将文件复制出来即可。

4.3.3　数据处理

数字测图系统的优劣取决于数据处理能力的强弱，数据处理能力的强弱取决于成图软件的功能大小。成图软件是一种大型综合应用软件，是当代软件工程学的最新技术手段与数字化成图系统相结合的产物。它具有数据量大、算法复杂、涉及外部设备较多等特点。

在绘制地形图之前，要先对外业数据进行处理，提取对绘图有用的各种信息，进行计算和整理，再按照规定的数据结构存储，建立起适合绘图、编辑处理并与GIS接轨的地形数据库。据此，可生成数字地图、进行地形图的绘制、向GIS提供地形（图）空间数据和属性数据等。外业数据处理的一般流程如图4-5所示。

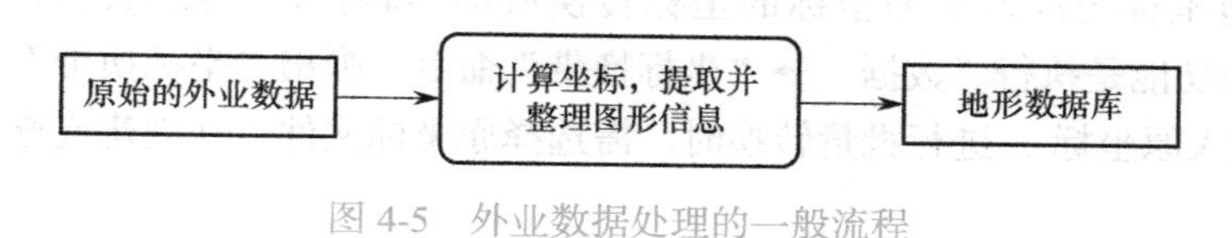

图4-5　外业数据处理的一般流程

原始数据处理是指在数据传输完成后，根据不同内业处理软件的格式要求及内业作图方法的需要，对传输后数据进行处理的工作内容，通常情况下包括以下几方面内容。

1．数据格式转换

传输后的数据文件是数字成图软件内业成图时进行展点和绘图的基础，不同的内业软件对数据文件的格式有不同的要求。通常情况下，如果外业数据采集仪器能被数字成图软件支持，数据传输时采用数字成图软件自身所提供的功能进行数据通信，所获得的数据文件可以直接进行成图；但由于各种原因，数据传输时常借用第三方软件来实现，这样获得的数据通常需要进行数据格式处理，使得数据在格式、分隔方式、坐标顺序等方面适应数字成图软件的需要。在实际应用中，常使用Office办公软件进行文本格式坐标数据的相互转换。

2．编码转换

数字测图中，通常采用内、外码结合方式进行，外业采集一般采用简单易记的编码（外码），而在数字化成图时，为了适应计算机处理及数字地图应用的需要，通常采用按一定规则组成的、便于数据分类与处理的编码（内码）进行图形的绘制与符号表达。因此，在利用野外采集的数据成图之前，须根据制图软件的需要，采用一定的方式实现编码的转换。编码转换一般还伴随着数据文件格式的转换。

3．数据合并与数据分幅

数字测图野外作业时，不同测量组之间主要以明显的线状地物为作业边界，不同的作业组在各自的区域内进行测量，不同作业组不同时间（天）中所采集的数据，经数据传输后形成不同的数据文件，在测图图形生成时需要进行数据合并，以便形成完整的测区数字地形图。通常情况下，对于地物要素，通过对测区不同文件形成的图形进行接边处理，实现图形合并的目的，而对于地形要素（主要是等高线），则需要先进行数据文件的合并，再整体进行等高线数据的生成与编辑，实现图数合并的功能。同时，在后期的数字地形图日常应用中，用户通常只会使用部分区域内的地图数据，内业工作中需要根据用户需求、按指定的边界进行图形分幅。日常工作中，数字成图软件提供标准分幅方式和非标准分幅方式，标准分幅方式是根据国家地形图分幅的图框坐标要求，进行图形区域的设定和图形分割；非标准分幅是根据用户需要，指定图幅分割边界，再利用软件的剪切功能进行图形的分割。

4. 图形纠正

地表上的许多人工地物是具有一定的规则形状的，如房屋的角点一般为直角等。然而，测量误差或差错的影响，使得规则地物的形状不能满足有关要求，这里的图形纠正就是在数据文件级批量地对规则地物的形状变化进行改正。图形纠正也可以放在图形编辑阶段，在图形界面下交互进行。在图形纠正过程中一般要求设置允许误差等纠正参数。

5. 坐标换带

为实现大地坐标与高斯平面坐标的坐标转换或图形转换，成图软件常提供该功能，如CASS 9.0 中此项功能是执行“数据”→“坐标换带”命令，弹出“坐标换带”对话框。进行单点转换时，需输入原坐标；进行批量转换时，需选择原坐标文件，并创建或选择目标坐标输出文件。

6. 坐标转换

为了将图形或数据从一个坐标系转到另外一个坐标系（只限于平面直角坐系），成图软件一般有坐标转换功能，如 CASS 9.0 是执行“地物编辑”→“坐标转换”命令，系统弹出“坐标转换”对话框。拾取两个或两个以上公共点就可以进行转换。

7. 测站改正

如果用户在外业时不慎搞错了测站点或定向点，或者在测控制前先测碎部，可以应用此功能进行测站改正，以实现坐标的平移与旋转。在 CASS 9.0 中执行“地物编辑”→“测站改正”命令，然后按提示操作：

“请指定纠正前第一点：”（输入或拾取改正前测站点，也可以是某已知正确位置的特征点，如房角点）；

“请指定纠正前第二点方向：”（输入或拾取改正前定向点，也可以是另一已知正确位置的特征点）；

“请指定纠正后第一点：”（输入或拾取测站点或特征点的正确位置）；

“请指定纠正后第二点方向：”（输入或拾取定向点或特征点的正确位置）；

“请选择要纠正的图形实体：”（用鼠标选择图形实体）。

系统自动对选中的图形实体做旋转平移，使其调整到正确位置，之后系统提示输入需要调整和调整后的数据文件名，自动改正坐标数据，如不想改正，按〈Esc〉键即可。

8. 批量修改坐标数据

批量修改坐标数据是指将原有坐标及高程加、乘一个固定常数或对 X、Y 坐标值进行交换。在 CASS 9.0 中的操作如下。

执行“数据”→“批量修改坐标数据”命令，打开“批量修改坐标数据”对话框，如图 4-6 所示，输入原始数据文件名、更改后数据文件名，执行“处理所有数据”或“处理高程为 0 的数据”选项。根据实际需要，输入 X、Y、H 的改正值，并选择修改类型（加固定常数、乘固定常数、XY 交换），单击“确定”按钮即可。

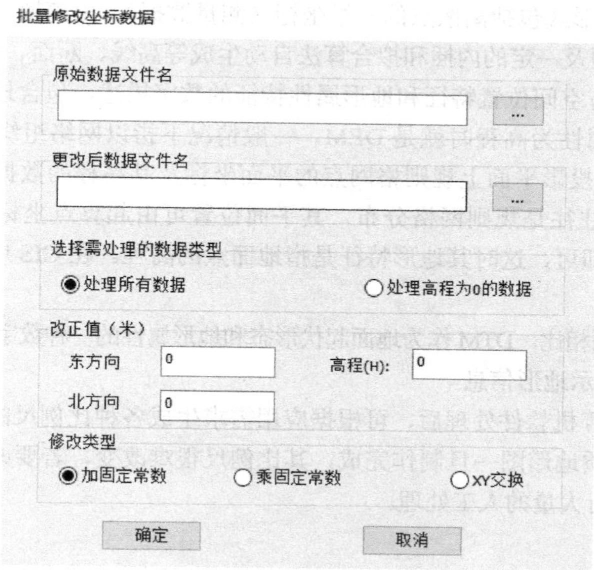

批量修改坐标数据

原始数据文件名

更改后数据文件名

选择需处理的数据类型

处理所有数据　处理高程为0的数据

改正值（米）

东方向 0　高程(H): 0

北方向 0

修改类型

加固定常数　乘固定常数　XY交换

确定　取消

图 4-6 "批量修改坐标数据"对话框

4.3.4 等高线的绘制与编辑

野外测定的地貌特征点通常是不规则分布的数据点，根据不规则分布的数据点在数字成图软件中绘制等高线需要先建立 DEM（一般采用三角网法），然后由 DEM 自动生成等高线。三角网法是直接利用原始离散点建立不规则三角网（Triangulation Irregular Network，TIN），再根据三角网中每个三角形边进行等高点的追踪连线，从而实现等高线的绘制。这种方法直接利用原始观测数据构成三角网，能有效地保持原始数据的精度，可方便地引入地性线，对于大比例尺数字测图较为合适。

4.3.5 数字地面模型的建立

1956 年，美国麻省理工学院 Miller 教授在研究高速公路自动设计时首次提出数字地面模型（DTM）。20 世纪 60 年代，很多学者为求解 DTM 上任一点的高程，进行了大量研究，并提出了多种实用的内插算法。20 世纪 80 年代以来对 DTM 的研究与应用已涉及 DTM 系统的各个环节。

1. 数字地面模型概述

数字地面模型简称数模，是在空间数据库中存储并管理的空间数据集的通称，它以数字形式按一定的结构组织在一起，表示实际地形特征的空间分布，是地形属性特征的数字描述。只有在 DTM 的基础上才能绘制等高线，DTM 的核心是地球表面特征点的三维坐标数据和一套对地面提供连续描述的算法。最基本的 DTM 至少包含了相关区域内一系列地面点的平面坐标（X，Y）和高程（Z）之间的映射关系，即 $Z=f(X, Y)$，其中 X，$Y \in$ DTM 所在区域。此外，在 DTM 中还包括高程、平均高程、极值高程、相对高程、最大高差、相对高差、高程变异、坡度、坡向、坡度变化率、地面形态、地形剖面、地性线、沟谷密度以及太阳辐射强度、观察可视面、三维立体观察等因素。

DTM的数字表示形式包括离散点的三维坐标（测量数据），由离散点组成的规则或不规则的网络结构，依据模型及一定的内插和拟合算法自动生成等高线、断面、坡度等图形。

由于DTM是带有空间位置特征和地形属性特征的数字描述，包含地面起伏和属性两个含义。当DTM中地形属性为高程时就是DEM，一般情况下指以网络组织的某一区域地面高程数据。DEM是在高斯投影平面上规则格网点的平面坐标及其高程的数据集。例如，在航摄像片数据采集中，数据往往是规则网格分布，其平面位置可由起算点坐标和点间网格的边长确定，只提供点的列号即可，这时其地形特征是指地面点的高程。在GIS中，DEM是建立DTM的基础数据。

与传统纸质地形图相比，DTM作为地面起伏形态和地形属性的一种数字描述形式有以下特点。

1）以多种形式显示地形信息

地形数据经过计算机软件处理后，可根据应用需求生成各种比例尺的地形图、纵横断面图和立体图等。传统纸质地形图一旦制作完成，其比例尺很难改变，若要改变或绘制成其他形式的地形图，则需要进行大量的人工处理。

2）保持精度不变

DTM采用了数字媒介，图形采用DTM直接输出，因而精度不会损失。用人工的方法制作的传统纸质地形图或其他种类的地图，精度会受到损失；另外，随着时间的推移，图纸将产生变形，也会失去原有的精度。

3）容易实现自动化和实时化

由于DTM是数字形式的，所以增加或改变地形信息只需将修改信息直接输入计算机，经软件处理后立即可产生实时化的各种地形图。传统纸质地形图要增加或修改都必须重复相同的工序，劳动强度大而周期长，不利于地形图的实时更新。

总之，DTM的主要特点：便于存储、更新、传播和计算机处理；根据需要选择比例尺；适合各种定量分析与三维建模。

2．数字地面模型的数据结构

DTM的表示形式主要有两种：不规则的三角网（TIN）和规则的矩形格网（Grid）。TIN，按一定规则连接每个地形特征采集点，形成一个覆盖整个测区的互不重叠的不规则三角形格网。其优点是地貌特征点表达准确，缺点是数据量太大。Grid是用一系列在X、Y方向上等间隔排列的地形点高程Z表示。其优点是存储量小、易管理、应用广泛，缺点是不能很准确地表达地形结构的碎部。

3．数字地面模型的建立

DTM系统由计算机程序来实现，主要功能应是从多个离散数据构造出相互连接的网络结构，以此作为DTM的基础。例如，等高线、断面和三维立体地形图都可以根据这个模型生成。建立DTM有多种方法，由于地球表面本身的非解析性，若采用某种代数式和曲面拟合的算法来建立地形的整体描述比较困难，因此，一般建立区域的DTM是在该区域内采集相当数量可表达地形信息的地形数据（三维空间离散的采样值）来完成的。但是，实际地形由于受到表面既有连续，也有如断裂、挖损等不连续因素的影响，加之在构造DTM时采集的地形数据量也有限，采样点的位置、密度，以及选择构造DTM的算法及应用时的插值算法，均有可能影响DTM的精度和使用效率。以下介绍建立DTM的主要步骤。

1）数据的获取

DTM 数据的获取就是提取已测定的地貌特征点，即将一个连续的地形表面转化成一个以一定数量的离散点来表示离散的地表。因此，这些离散点数据的获取是建立数模工作中花费时间最长、用工最多的，而且又是最重要的一个环节，它直接影响建模的精度效率和成本。

DTM 数据的获取主要有以下几种方式。

（1）人工量取。

用方格网在地形图上逐点量取和内插，求出网格点的三维坐标。

（2）数字测图。

利用全站仪数字测图生成的三维坐标信息并存储在磁卡上；利用航摄像片、像对的立体特征，在解析测图仪、立体坐标量测仪或数字摄影测量系统中量测的三维地形数据遥感图像处理后也可以得到地形数据，最后形成数据磁带文件。

（3）扫描输入。

重新转绘地形图，去掉注记并对新转换的地形图进行扫描，插值计算网格高程及量取网格坐标。

2）数据的转换

不同来源的原始数据类型是各种各样的，如三维坐标、距离、高程、方位角等。这些数据除了具有离散点的坐标信息，还包含了离散点之间的地形关系及地物特征等信息。因此，DTM 系统除了应具有各种类型数据输入的接口，能接受不同设备不同方式传输的数据，还要有数据格式转换的功能。在对不同来源的原始数据进行数据转换处理时，应利用转换模块对原始数据进行分类，将坐标数据、连接信息、地物特征等按 DTM 系统的标准格式分别存放。为了保证 DTM 系统应有的精度以准确表达实际的地形变化，在对不同来源的数据进行标准格式转换时不得影响或改变原始数据的精度。

3）数据的预处理

（1）DTM 原始数据的预处理。

通过数据采集和数据转换后，即可得到一个区域内的 DTM 原始数据。这些输入计算机的数据中，还含有一些不符合建模要求的数据。因此，在建模前必须对这些不符合建模要求的数据进行过滤和剔除，以顺利完成构网建模，这种在建模前对原始数据的处理称为数据的预处理。数据的预处理主要包括：数据过滤、粗差剔除、重合或近重合数据的剔除、给定高程限值和必要的数据加密等。

（2）地形地物特征信息的提取。

为了便于计算机程序识别，提高工作效率以及保证等高线的绘制精度和正确走向，除了地面坐标数据，地形和地物的特征信息（如地性线、断裂线、路沿、房屋边线等）是 DTM 不可缺少的信息，这些信息由地形地物的特征代码及连接点关系代码表示。从原始数据中提取地形地物特征的依据是数据记录中的特定编码，不同类型的原始数据在不同的测量软件中有各自的编码方式。DTM 系统的特征提取部分功能有以下内容。

① 识别原始数据记录中的特征编码。

② 地性线特征编码及相关空间定位数据转换成 DTM 标准数据格式。

③ 提取地性线、断裂线以及特殊地形（如陡坎等）。

④ 数据编辑。

4. 构网建立数字模型

1）TIN 的建立

TIN 是不规则格网中最简单的一种结构，它是利用测区内野外测量采集的所有地形特征点构造出的邻接三角形组成的格网形结构，大比例尺数字测图的建模一般采用这种方式。由于它保持了碎部点的原始精度，因此整个建模精度得到保证。

TIN 的每一个数据元素的核心是组成不规则三角形顶点的三维坐标，这些坐标数据完全来自外业原始测量成果。在外业作业过程中，地形点的选择往往是那些能代表地形坡度的变换点或平面位置的特征点，因此这些点在相关区域内呈离散型（非规则和非均匀）分布。将这些离散点按照一定的规则（一般采用“就近连接原则”）构造出相互连接的三角形格网结构。如果测定了地性线，构网时位于地性线上的相邻点被强制连接成三角网的各条边。网中每个三角形所决定的空中平面就是该处实际地形的近似描述。根据计算几何原理，可以计算格网中的三角形数目，若区域中有 n 个离散数据点，它们可以构成互不交叉的三角形个数最多不超过 $2n-5$ 个。

建立 TIN 的基本过程是根据外业实测的地形特征点按照“就近连接原则”将邻近的 3 个离散点相连接构成初始三角形，再以这个三角形的三边为基础连接与其邻近的点组成新的三角形，如此依次连接直接到所有三角形都无法扩展成新的三角形，所有点均包含在这些三角形构成的三角网中为止。为了保证 DTM 网格具有较高的精度，应注意构网时把地性线作为 TIN 中三角形的边，扩展 TIN 时先从地性线特征开始。

2）Grid 的建立

Grid 是将区域平面划分为相同大小的矩形单元，以每个单元的顶点作为 DTM 的数据结构基础，它是规则形状格网中较为常见的一种。建立 Grid 的原始数据来源于外业数字测图获得的地物、地貌特征点坐标（这些采集点的分布是离散的、不规则的），以及在航测的立体模型上按等间隔直接采集的 Grid 的顶点坐标两个方面。数字测图中，外业采集的离散点的区域分布是不规则的。在构造 Grid 时，要求在构建过程中既保持原始数据中地形特征的信息，又尽可能在保持原始数据精度的前提下通过数学方法将这些离散点格网化，算出新的规则格网交点的坐标。

常用的数学方法是高程插值算法，其过程就是根据 Grid 给定的平面坐标，利用邻近的已知高程的离散采集点作为参考点，计算格网点 P 的高程。下面简单介绍两种高程插值的计算方法。

（1）线性插值。

在插值点（网格点）P 附近找出 3 个最邻近的采样点，其相应的三维坐标测量值为 P_1（X_1, Y_1, Z_1）、P_2（X_2, Y_2, Z_2）、P_3（X_3, Y_3, Z_3），用此 3 个点构成一个平面，作为插值的基础，计算 P（X, Y）的相应高程：

$$Z = a_0 + a_1X + a_2Y \tag{4-1}$$

式中，a_0、a_1、a_2——平面方程的系数，可利用 3 个邻近的已知点求出。

采用线性插值可以很快得到计算结果，计算也比较简单，特别是在地势平坦区域的大比例尺测图中，由于采样点密度较大，也较均匀，采用线性插值还是很有实用价值的。

（2）多项式插值。

多项式插值用多项式 $Z = f(X, Y)$ 拟合的曲面来表示被插值点 P 附近的地形表面。一般采用二次多项式模型来拟合，常采用如下几种形式的表达式。

① 四参数多项式插值：

$$Z = f(X, Y) = a_0 + a_1X + a_2Y + a_3XY \tag{4-2}$$

② 五参数多项式插值：

$$Z = f(X,Y) = a_0 + a_1X + a_2Y + a_3X^2 + a_4Y^2 \quad (4\text{-}3)$$

③ 六参数多项式插值：

$$Z = f(X,Y) = a_0 + a_1X + a_2Y + a_3XY + a_4X^2 + a_5Y^2 \quad (4\text{-}4)$$

上述各式的各项待定系数 a_0、a_1、a_2、a_3、a_4、a_5 可以利用被插值点附近的已知高程的离散点三维坐标来确定。因此，采用四参数多项式插值至少需要 5 个离散点坐标数据求解。同理，采用五（或六）参数多项式插值至少需要 6（或 7）个离散点坐标数据求解。

当地形表面较为复杂时，采用这种拟合方法得到的效果不是很理想，此时可采用移动多项式插值算法，即将被插值点 P 作为原点，在其周围的限定范围内搜寻离散点数据并按搜索的离散点数目分别采用相应的多项式形式，这样可拟合出这些点控制的局部地形曲面并求出被插值点的高程。使用这种方法是很难对拟合效果进行评价的。

思政链接

8 848.86 m！珠峰新高程

2020 年 12 月 08 日，中尼两国领导人共同宣布珠穆朗玛峰最新高程——8 848.86 m。这也意味着，15 年前测量的 8 844.43 m 珠峰“身高”成为历史。

1．测量历程：60 年三次“攻顶”

作为世界最高峰、“地球第三极”，珠穆朗玛峰也被称为“圣母峰”。精准的珠峰高程测量成果，是一项代表国家测绘科技发展水平的综合性测绘，是国家综合实力和科技发展水平的体现。1975 年，我国首次将测量觇标矗立于珠峰之巅，并精确测得珠峰海拔高程为 8 844.43 m。2005 年，第二次珠峰测量，我国宣布珠穆朗玛峰峰顶岩石面海拔高程为 8 844.43 m。2020 年 4 月 30 日，中国启动第三次珠峰高程测量，由自然资源部会同外交部、国家体育总局和西藏自治区政府组织。这一年，恰巧是人类首次从北坡登上珠峰的 60 周年，也是中国首次精确测定并公布珠峰高程 45 周年。

2．测量精度：“史上最高”

此次登顶珠峰后，测量登山队员在峰顶竖起测量觇标，使用 GNSS 接收机通过北斗卫星进行高精度定位测量，使用雪深雷达探测仪探测了峰顶雪深，并使用重力仪进行了重力测量。这也是人类首次在珠峰峰顶开展重力测量。

与此同时，在珠峰周边海拔 5 200 ～ 6 000 m 的 6 个交会点，测量队员瞄准峰顶觇标同步开展峰顶交会测量和 GNSS 联测，获取珠峰高程测量数据。

中科院院士、中国科学院精密测量科学与技术创新研究院研究员孙和平介绍，此次珠峰顶的重力测量，将显著提升珠峰地区大地水准面的精度，因此，这次珠峰高程测量的精度为“史上最高”。

值得一提的是，此次任务中应用的国产北斗卫星定位接收机、峰顶重力测量仪、雪深雷达、航空重力仪等核心装备，都由我国自主研发，5G 基站也首次在海拔 6 500 m 的前进营地开通。

3．测量结果：助力多领域科学研究

为了尽快精算得到珠峰高程成果，所有项目参与人员加班加点工作，仅用时 3 个月就完成了整个数据处理工作，并完成了院、局两级检查，联合尼方、中科院以及专家学者团队进行珠峰高程综合确定，组织开展成果验收。

据悉，此次珠峰高程测量的成果可用于地球动力学板块运动等领域的研究。精确的峰顶雪深、气象和风速等数据，将为冰川监测、生态环境保护等方面的研究提供第一手资料。重力测量成果，则可用于研究珠峰地区地球重力场模型的建立和冰川变化、地震、地壳运动等问题。珠峰测量现场图如图 4-7 所示

图 4-7 珠峰测量现场图

课后思考与练习

1．GNSS 测量误差根据传播途径分，可分为哪几种？
2．数字测绘外业数据主要包括哪些内容？
3．图根控制测量主要包括哪些内容？
4．数字测绘业内数据处理主要包括哪些内容？

微课视频

模块三

无人机及激光扫描智能测绘

项目 5

无人机智能测绘原理及过程

知识目标：

- 了解无人机航空摄影测量基本概念；
- 了解无人机航测系统构成及各部分作用。

微课视频

技能目标：

- 能根据不同测量工况选择合适的无人机航测类型；
- 能根据无人机航摄作业流程进行航摄作业。

思政目标：

- 树立攻坚克难、不畏艰辛的职业操守。

思维导图：

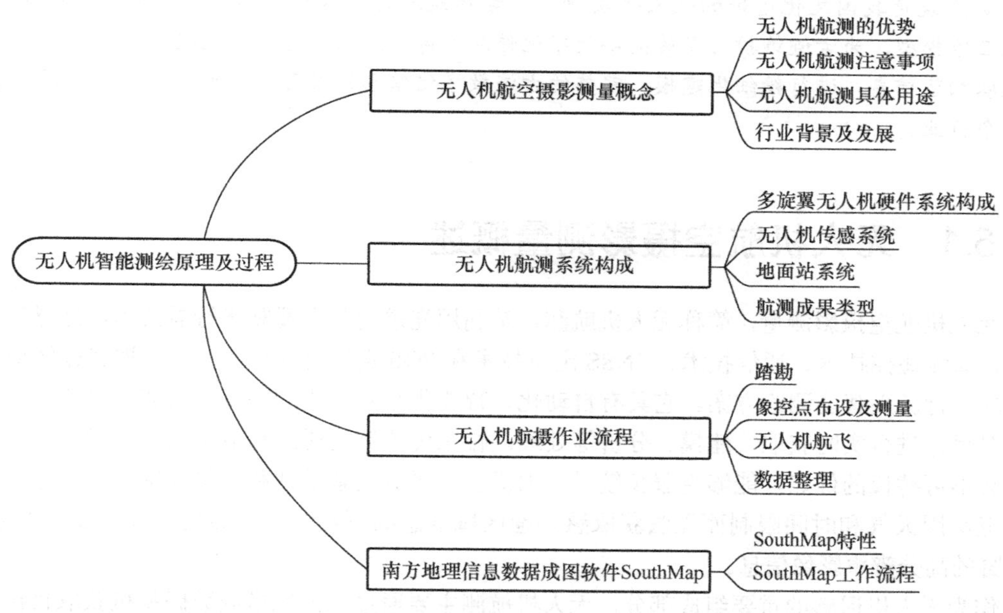

引导案例

无人机古建筑三维测绘建模

古建筑作为重要的文化遗产，是一座城市乃至一个国家古老的文化符号，它跨越时空，向人们诉说着千百年前的传奇，是历史文明的见证。这些古建筑经过岁月的洗礼，或多或少会有不同程度的破损。而建筑的修补复原，也是一项尤为复杂烦琐且难度较大的工作，从原材料获取到修补技艺等各个方面都需要细致、耐心、“步步为营”。对古建筑进行数字化存储保护，不仅能够将建筑原貌数据完整地保存，也给修复师进行建筑修复作业时提供了参考，是传承古建筑技术、工艺、文化的最基本、最有效的手段和方法。某古建筑扫描模型如图 5-1 所示。

图 5-1 某古建筑扫描模型

无人机成像和数据采集领域发展迅速，在文化遗址保护方面，无人机解决方案可以进入传统测绘方法无法进入的危险区域，成为古建筑文化遗传测绘领域不可替代的方法之一。

古建筑是我国文化遗址的代表性实物，对古建筑进行无人机数据采集有助于快速构建古建筑三维模型，为古迹维护与发展提供数字化信息支持。无人机可对建筑进行贴近摄影，全方位获取细节信息，进行精细化建模。完整的古迹数字化信息档案可用于文物保护、教育、旅游等多个行业。

5.1 无人机航空摄影测量概述

无人机航空摄影测量，简称无人机航测，是利用先进的无人驾驶飞行器技术、遥感传感器技术、遥测遥控技术、通信技术、GNSS 定位技术和 POS 定位定姿技术实现获取目标区域综合信息的一种新兴智能测绘方案。它具有自动化、智能化和专业化的特点，能够快速获取空间信息并对目标进行实时获取、建模、分析等处理。相比传统航空遥感和卫星遥感技术，无人机航测具有不可替代的优点，能够克服长航时、大机动、恶劣气象条件和危险环境等制约因素，并弥补卫星因天气和时间限制而无法获取感兴趣区域信息的不足。它能够提供多角度、大范围、宽视野的高分辨率影像信息。

作为无人机遥感的重要组成部分，无人机航测主要通过无人机搭载数码相机获取目标区域的影像数据，并在目标区域通过传统方式或 GNSS 测量方式测量少量控制点。然后，应用数字摄影测量系统对获取的数据进行全面处理，从而获得目标区域的三维地理信息模型。无人机航测在基础地理信息测绘、地理国情监测和地理信息应急监测等方面起到了不可替代的作用。因此，近年来，国家测绘地理信息行业主管单位多次举办无人机航摄系统推广会，全国范围内大力推广应用国产低空无人飞行器航测遥感系统，并率先在各省级测绘单位配备和使用。无人机航测颠覆了传统测绘的作业方式，在现代测绘中扮演重要角色。它通过无人机摄影获取高清晰度立体影像数据，并自动生成三维地理信息模型，快速实现地理信息的获取。无人机航测具有高效率、低成本、数据精确和操作灵活等特点，能够满足测绘行业的不同需求，正逐渐成为测绘部门的新宠儿，可能成为航空遥感数据获取的标准配置。图 5-2 为南方测绘智航 SF600Pro 航测无人机，负载可达 1 500 g，支持正射、倾斜、激光等作业模式，满足用户多样化作业需求。

图 5-2　南方测绘智航 SF600Pro 航测无人机

近年来，随着经济建设的快速发展，地表形态发生着剧烈变化，迫切需要实现地理空间数据的快速获取与实时更新。航空摄影是快速获取地理信息的重要技术手段，是测制和更新国家地形图以及地理信息数据库的重要资料源，在空间信息的获取与更新中起着不可替代的作用。随着无人机与数码相机技术的出现与发展，基于无人机平台的数字航摄技术已显示出其独特的优势，在应急数据获取与小区域低空测绘方面有着广阔的应用前景。

无人机（主要是指固定翼无人机）越来越多应用于航空摄影测量，因其具备使用成本、工作效率和可操作性上的优势，在地面分辨率 0.05 ～ 0.2 m 的测绘产品的生产中有着不可替代的作用。同时，旋翼型无人机可搭载激光三维扫描雷达进行小面积的数字测量，测绘软件厂商也开发了不少成熟的自动化无人机航测数据处理软件，如像素工厂、C3D、DP GIRD、GodWork 天工、航天远景、点云等。

基础测绘在国民经济和社会发展中起着基础性、先导性和公益性的重要作用。航空摄影测量是基础测绘获取数据的最有效途径之一，然而，由于数据处理复杂、分辨率较低，且时效性和灵活性有限，无法完全满足实际需求。作为传统航空摄影测量技术的有益补充，无人机航测系统逐渐成为获取空间数据的重要工具。无人机航测具有机动灵活、高效快速和相对较低的成本优势，在困难地区的大比例尺地形图测绘、应急救灾和土地执法监察等领域广泛应用。

为了满足城镇发展的整体需求，提供综合的地理和资源信息，各地区、各部门需要获取最新、最完整的地形地物数据，涉及综合规划、田野考古、国土整治监控、农田水利建设、基础设施建设、厂矿建设、居民小区建设、环境保护和生态建设等领域。这已成为各级政府部门和新建开发区亟待解决的问题。无人机航测技术还可广泛应用于国家生态环境保护、矿产资源勘探、海洋环境监测、土地利用调查、水资源开发、农作物生长监测与估产、农业作业、自然灾害监测与评估、城市规划和市政管理、森林病虫害防控和监测、公共安全、国防事业、数字地球以及广告摄影等领域，这些领域对无人机航测技术有着广阔的市场需求。

相关链接：补充二维码，视频录制 PPT 讲解无人机航测应用现状。

5.1.1 无人机航测的优势

1. 提高安全性和可靠性

无人机的无人飞行模式具有天生的操作人员安全优势。相比有人机，无人机的结构通常更简单，机械和电气系统更可靠，质量更小。现有的无人机航测系统一般采用规划航线后的自动飞行模式，减少了由人工操作引起的安全隐患。

2. 降低成本，减少数据处理费用

无人机的控制系统相对于有人航拍飞机更简单，造价较低。无人机的起降不需要固定场地，降低了运营成本。在利用无人机航空摄影技术进行数据处理时，总体费用较低，具有较高的性价比。此外，无人机驾驶员只需通过地面控制系统进行操作，获取执照相对简单。无人机通常采用轻质碳纤维复合材料，后期维修保养也更加简便。

3. 具备机动灵活性

相对于传统的航拍飞机，无人机体型更小，升空时间更短，不需要专门的起降场地即可快速起飞，且能够自动按照设定的路线飞行。其稳定性较好，可以进行高强度的航拍工作，提高航拍的准确性和精度。无人机续航时间更长，在相同耗油量下能够飞行更远。

4. 高分辨率和多角度影像

无人机搭载的数码成像设备通常是高精度的新型设备，能够从多个角度进行摄影成像，如垂直、倾斜和水平角度。无人机在拍摄时角度可变，还可以进行多角度的交错拍摄，全方位获取测量地点的数据。这可以解决建筑物遮挡的问题，提高测量的精度。相比传统的单一角度拍摄，无人机能够提供更多角度和更高分辨率的影像数据。

5.1.2 无人机航测注意事项

1. 定期检查相关设备

在使用无人机航测技术进行测绘前，要想提高其测绘质量，工作人员还需定期检查和调适其相关设备。应确保相关设备符合相关的质量标准，且都是经过检定合格的设备，并根据工程测绘的实际需要适当调整设备的使用。要对其通信设备、地面电台电源系统、记录系统等相关设备进行定期检查，如连接航摄平台进行通电检查等，从而确保这些设备和系统具备良好的运行状态。在进行遥感测绘工作时，还应检查像片的重叠度、航线弯曲度、倾角、旋角以及影像的质量。例如，在检查影像质量时，可目测其清晰度、色彩等效果。

2. 严格控制飞行和摄影质量

为提高无人机拍摄工作的效率与水平，在实际使用中，相关操作人员还应严格控制无人机飞行和摄影的质量。需要严格按照规定的时间进场，并明确相关的起飞和降落方式、起飞质量等，还应控制好飞行速度，进而获取更加高清的测绘影像。应设计和控制好无人机飞行的高度，掌握好拍摄区域实际航高与设计航高之间的高度差，并将其控制在合理范围内。还应控制好无

人机的飞行状态，避免出现 GPS 定位系统信号被干扰等现象，从而影响拍摄的准确性。同时，在无人机飞行过程中还应控制好其上升和下降的飞行速度。除此之外，工作人员还应规划并制订出完善的安全保护方案，从而保证无人机在飞行过程中的安全。在进行拍摄时，应确保没有航摄遗漏的现象发生，若有遗漏则需要进行补摄。

3．优化像控点测量流程

为提高无人机航测技术拍摄像控点布设工作的有效性，需要不断优化像控点测量的流程。应根据工程需要明确具体的拍摄区域和范围，并检验拍摄区域自由网的效果快速生成自由网快拼图等。应根据测量区域的地形、地势等特点设计像控点测量布设方案，并确保像控点像片的质量。在进行数据采集和处理时，相关工作人员需要注意不能将原始观测记录进行删除或修改，也不能在无人机数据处理等系统中设定任何能够对数据进行重新加工组合的操作指令，进而保存真实的原始工程测绘数据，以便日后能够科学地进行调整等。

5.1.3　无人机航测具体用途

无人机航测系统主要由数据获取和地面数据处理两部分组成。数据获取部分的功能是通过无人机对目标进行影像数据获取。数据获取系统由无人机、摄影机（摄像机）、无人机飞控系统组成，通常将这一部分称为航空摄影系统。地面数据处理部分的功能是对获得的数据进行专业处理，包括空中三角测量、DEM 生产作业、DOM 生产作业、DLG 生产作业等，最终形成目标区域的三维模型信息，这一部分也被称为摄影测量软件（见图 5-3）。无人机操作系统是通过无线电遥控控制器或机载计算机远程控制系统对不载人飞行器进行控制的。无人机航测就是以无人机操作系统为平台媒介，以高分辨率的数字遥感设备作为信息的获取载体，通过低空高分辨率的摄像机进行遥感数据的获取。当前数字化时代建设进程速度明显加快，建立定期更新的地理信息数据库，对地形地貌的动态监测变化情况进行实时关注，都离不开无人机航测系统的运用。目前，我国对于无人机航测系统硬件技术的掌握日趋成熟，相关的软件信息技术也逐渐完善，无人机航测的最大精度已能达到 1∶500 比例尺要求。

图 5-3　南方测绘摄影测量软件 SouthMap

航空摄影测量主要通过飞机、飞艇、无人机等在空中对地面进行摄影，可实现大范围的地表信息获取，非常适用于地形测绘。航空摄影测量成图快、效率高、成品形式多样，可生产数字地表模型（Digital Surface Model，DSM）、数字高程模型（DEM）、数字正射影像图（DOM）、数字线划图（DLG）和数字栅格地图（DRG）等地图产品，而生产航测产品的过程主要是在室内完成的，因此人们将对获取的影像在室内进行摄影测量处理，生产出4D产品、三维模型等产品的过程称为内业生产。

随着倾斜摄影测量技术的进步，实景三维模型也因其具有信息丰富、效果直观、展示效果真实等优点，能最大程度发挥调查成果的综合效益，常被用于展示地表要素状况等，逐渐成为三维自然资源数据底板的核心数据之一。

无人机航测系统在航测中的具体用途包括以下几点。

1. 影像资料等获取

搭配在无人机上的数码相机等传感器可以从空中视角快速采集地表照片或视频资料，这些数据可作为后期拼接、处理的素材。同时，机载定位传感器也可以提供较高精度地理空间坐标数据，与影像资料一道作为航测内业数据处理的原始数据。

2. 突发事件处理

在突发事件中，如果用常规的方法进行地形图测绘与制作，往往达不到理想效果且周期较长，无法实时进行监控。例如，2008年汶川地震救灾中，由于震灾区是在山区且自然环境较为恶劣，天气比较多变，多以阴雨为主，利用卫星遥感系统或载人航空遥感系统，无法及时获取灾区的实时地面影像，不便于进行及时救灾。而无人机的航空遥感系统则可以避免以上情况，能迅速进入灾区，对震后的灾情调查、地质滑坡及泥石流灾害等实施动态监测，并对道路损害及房屋坍塌情况进行有效的评估，为后续的灾区重建工作等方面提供更有力的帮助。

3. 特殊目标获取

无人机在特殊目标获取方面的应用主要是专题测绘目标的获取等，利用无人机航测对该特殊目标进行获取，所获得的影像精度高，并且特殊目标位置准确，对大比例尺图幅的快速制作有很大的帮助，大大节省了人力、物力。

相关链接：补充二维码，SF600Pro航测无人机外观展示。

5.1.4 行业背景及发展

无人机航测是传统航空摄影测量手段的有力补充，具有机动灵活、高效快速、精细准确、作业成本低、适用范围广、生产周期短等特点，在中小区域和飞行困难地区高分辨率影像快速获取方面具有明显优势。2008年汶川地震发生后，灾区通信中断，地面交通极其困难，灾情分布状况、灾情程度等宏观信息极度缺乏。中国科学院遥感应用研究所等单位派出遥感无人机组赶赴四川北川地区，完成了北川县城、唐家山、刘和镇、枫顺乡等地区的航摄任务，航摄成果经处理后及时上报国家地震局和国家测绘局，为抗震救灾决策提供重要依据。无人机被认为是这次抗震救灾工作中表现最为突出的测绘力量，自此无人机航测进入高速发展时期。

近年来，从飞行平台角度看，航测型无人机有几个特点：垂直起降、搭载高精度姿态和位置传感器、轻小型化、续航时间增长。

从挂载类型角度看，航测型无人机已由传统一般分辨率单镜头正射相机（2 400 万～ 3 600 万像素）挂载升级为高分辨率正射相机（4 200 万～ 1.5 亿像素），或升级为高分辨率倾斜五镜头相机（1.2 亿～ 3.1 亿像素）。多光谱、高光谱、激光雷达等挂载也逐渐完善。从作业方式角度看，倾斜航测技术逐渐普及，传统正射航测逐渐转为大面积作业服务。

从软件发展角度看，基于高精度 POS 的辅助空三平差算法及计算机视觉三维重建算法逐渐成为数据处理的主流算法，基于数字正射影像（DOM）和数字地表模型（DSM）或实景三维模型的裸眼三维采集成图软件也已普及。从成果类型及应用角度看，实景三维模型的生产及平台化应用已成为主流。随着无人机与数码相机技术的进一步发展，基于无人机平台的数字航摄技术已显示出其独特的优势，无人机与航空摄影测量相结合使得“无人机数字低空遥感”成为航空遥感领域的一个崭新发展方向。无人机航测可广泛应用于国家重大工程建设、灾害应急与处理、国土监察、资源开发、新农村和小城镇建设等方面，尤其在新型基础测绘、自然资源调查监测、土地利用动态监测、数字城市建设和应急救灾测绘数据获取等方面具有广阔应用前景。

5.2　无人机航测系统构成

相关链接：补充二维码，SF600Pro 航测无人机拆解展示。

一个完整的无人机航测系统不仅要有飞行平台，还要有配套的传感器、影像数据处理系统等组件才能顺利进行航测作业。本节以 SF600 航测多旋翼无人机系统（见图 5-4）为主，辅以若干其他类型无人机或软件介绍，侧重介绍航测作业系统构成。

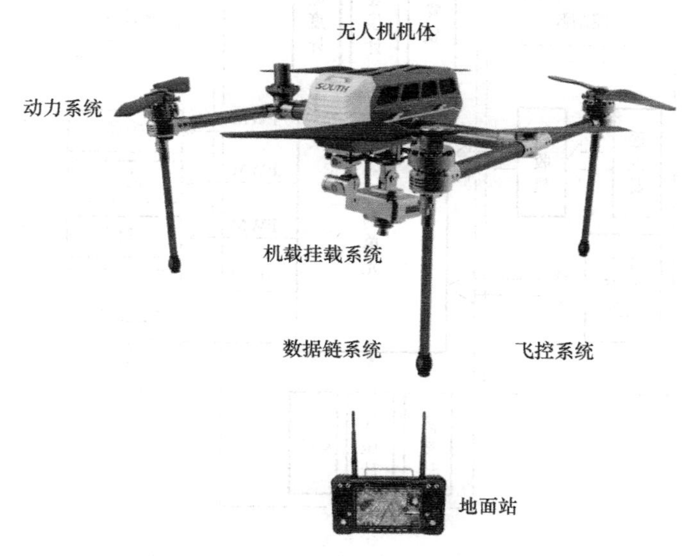

图 5-4　SF600 航测多旋翼无人机系统

5.2.1　多旋翼无人机硬件系统构成

SF600 航测无人机是一款轻型专业航测四旋翼无人机。轴距 600 mm，最大起飞质量 3.5 kg，搭配高精度差分测量系统，支持 RTK/PPK 作业模式。电池容量 12 000 mA·h，空载续航时间 60 min。

无人机硬件系统主要由机体、飞控系统、遥控系统（地面站）、高精度差分系统、动力系统构成。机体主要由机臂、中心板和脚架等组成，也有采用一体化设计的机架。机架的主要功能是承载其他构件的安装。SF600 航测多旋翼无人机拆解图如图 5-5 所示。

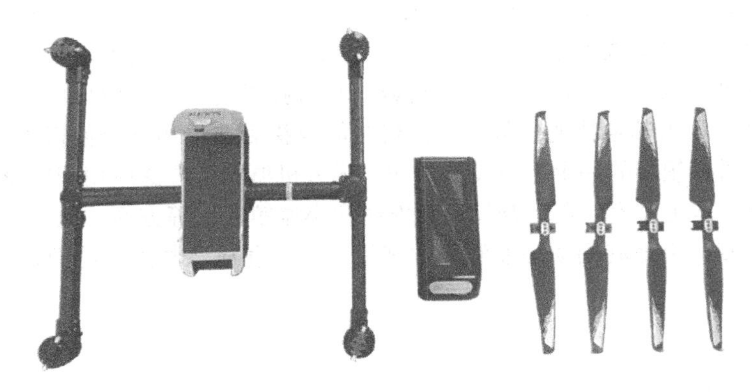

图 5-5 SF600 航测多旋翼无人机拆解图

飞控系统主要由陀螺仪、加速度计、角速度计、高度计、气压计、GPS、指南针和控制电路等组成（见图 5-6），主要功能是计算并调整无人机的飞行姿态，控制无人机自主或半自主飞行。

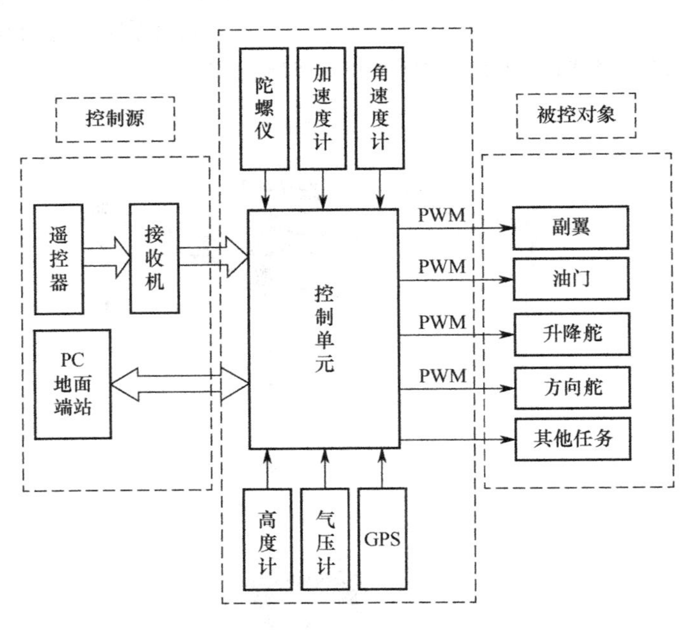

图 5-6 无人机飞控系统构成

遥控系统（地面站）是集平板、遥控器于一体的地面控制系统，如图 5-7 所示。它实现数图控三合一高度集成，配备 South GS App，提供航点飞行、航带飞行、摄影测量仿地飞行、断点续飞等多种航线规划模式，支持 KML/KMZ 文件导入，适用于不同航测应用场景。

图 5-7　无人机遥控系统

5.2.2　无人机传感系统

无人机传感系统也可称为任务载荷，无人机系统升空执行任务，通常需要搭载任务载荷。任务载荷的大小和质量是无人机设计时最重要的考虑因素。无人机航测系统常见的传感器设备有光学传感器（非量测型相机、量测型相机等）、红外传感器、机载激光雷达等。SF600 航测无人机主要挂载单镜头正射和五镜头倾斜相机两种任务载荷。

1．光学传感器

无人机挂载的光学传感器是一种利用光学成像原理形成影像并使用底片或数码存储卡记录影像的设备，是用于摄影的光学器械，装载在无人机上拍摄地面景物来获取地面目标，也被称为航空照相机。航空照相机具有良好的机动性、时效性和低投入等优点，在航空遥感、测量和侦察等领域发挥了重要的作用。常见的光学传感器如下。

1）光电吊舱

光电吊舱可以通过光学变焦来查看目标的细节，主要用于巡检、监视、检查等领域。可随时随地将实时图像传到地面站或通过 4G/5G 网络传输到室内指挥室，大大提高了生产效率和安全性。

2）单镜头正射相机

单镜头正射相机具备增稳的小巧云台，能够提高正射影像采集的精度与效率。其特点如下。

（1）可满足高精度 DOM/DSM/DEM 等采集要求。

（2）相机全自动自检修复功能，无须通过外部软件或按键进行设置，避免丢片。

（3）每台相机逐一检校标定与对焦。

（4）可切换成 45°角，进行倾斜作业。

3）五镜头倾斜相机

五镜头倾斜相机具备增稳的小巧云台，能够提高倾斜影像采集的精度与效率，实现多平台搭载解决方案。其特点如下。

（1）可满足高精度 DOM/DSM/DEM 等采集要求。

（2）相机具备全自动自检修复功能，无须通过外部软件或按键进行设置，有效避免丢片。

（3）每台相机逐一检校标定。

（4）具备 5 位相机独立 POS。

2. 红外传感器

红外传感器是以红外线为介质的测量系统，按照功能可分为以下 5 类。

（1）辐射计，用于辐射和光谱测量。

（2）搜索和跟踪系统，用于搜索和跟踪红外目标，确定其空间位置并对它的运动进行跟踪。

（3）热成像系统，可产生整个目标红外辐射的分布图像。

（4）红外测距和通信系统。

（5）混合系统，是指以上各类系统中的两个或多个的组合。

按探测机理划分，红外传感器可分为光子型探测器和热探测器。光子型探测器是利用红外光电效应或内光电效应制成的辐射探测器。热探测器是指利用探测元件吸收入射的红外辐射能量而引起温升，在此基础上借助各种物理效应把温升转变为电量的一种探测器。

红外传感器是红外波段的光电成像设备，可将目标入射的红外辐射转换成对应像素的电子输出，最终形成目标的热辐射图像。红外传感器提高了无人机在夜间和恶劣环境条件下执行任务的能力。

3. 机载激光雷达

激光雷达是一种以激光为测量介质，基于计时测距机制的立体成像手段，属主动成像范畴，是一种新型快速测量系统，可以直接联测地面物体的三维坐标，系统作业不依赖自然光，不受航高阴影遮挡等限制，在地形测绘、气象测量、武器制导、飞行器着陆避障、林下伪装识别、森林资源测绘、浅滩测绘等领域有着广泛应用。

激光雷达是可搭载在多种航空飞行平台上获取地表激光反射数据的机载激光扫描集成系统。该系统在飞行过程中同时记录激光的距离、强度、GNSS 定位和惯性定向信息。用户在测量型双频 GNSS 基站和后处理计算机工作站的辅助下，可以将激光雷达用于实际的生产项目中。后处理软件可以对经度、纬度、高程、强度数据进行快速处理。激光雷达的工作原理是通过测量飞行器的位置数据（经度、纬度和高程）和姿态数据（滚动、俯仰和偏航），以及激光扫描仪到地面的距离和扫描角度，精确计算激光脉冲点的地面三维坐标。

作为一种主动成像技术，机载激光雷达在航空测绘领域具有如下特点。

（1）采用光学直接测距和姿态测量工作方式，被测对象的空间坐标解算方法相对简单，易于实现，单位数据量小，处理效率高，具有在线实时处理的开发潜力。

（2）由于采用了主动照明，成像过程受雾、霾等不利气象因素的影响小，作业时段不受白昼和黑夜的限制。因此，与传统的被动成像系统相比，环境适应能力比较强。

无人机传感系统常见的传感器如图 5-8 所示。

图 5-8　无人机传感系统常见的传感器

5.2.3　地面站系统

地面站系统具有对无人机飞行平台和任务载荷进行监控和操纵的能力，包含对无人机发射和回收控制的一组设备。

无人机地面控制站是整个无人机系统非常重要的组成部分，是地面操作人员直接与无人机交互的渠道。它包括任务规划、任务回放、实时监测、数字地图、通信数据链在内的集控制、通信、数据处理于一体的综合能力，是整个无人机系统的指挥控制中心。

地面站系统应具有下面几个典型的功能。

（1）飞行监控功能：无人机通过无线数据传输链路，下传无人机当前各状态信息。地面站将所有的飞行数据保存，并将主要的信息用虚拟仪表或其他控件显示，供地面操纵人员参考。同时，根据飞机的状态，实时发送控制命令，操纵无人机飞行。

（2）地图导航功能：根据无人机下传的经纬度信息，将无人机的飞行轨迹标注在电子地图上。同时，可以规划航点航线，观察无人机任务执行情况。

（3）任务回放功能：根据保存在数据库中的飞行数据，在任务结束后，使用回放功能可以详细地观察飞行过程中的每一个细节，检查任务执行效果。

（4）天线控制功能：地面控制站实时监控天线的轴角，根据天线返回的信息，对天线校零，使之能始终对准无人机，跟踪无人机飞行。

5.2.4　航测成果类型

无人机航测的目标是通过无人机获取目标区域影像，进而获取目标区域的三维地理信息模型。三维地理信息模型包含丰富的内容。

1. 数字正射影像

通过无人机获取目标区域影像，进而获取目标区域的整张正射影像无疑是三维地理信息模型的重要内容之一。

在进行航空摄影时，由于无法保证摄影瞬间航摄像机的绝对水平，得到的影像是一个倾斜投影的像片，像片各个部分的比例尺不一致；此外，根据光学成像原理，相机成像时是按照中心投影方式成像的，这样地面上的高低起伏在像片上就会存在投影差。要使影像具有地图的特性，需要对影像进行倾斜纠正和投影差的改正，经改正，消除各种变形后得到的平行光投影的影像就是数字正射影像（DOM）。作为数字摄影测量的主要产品之一的DOM有如下特点。

（1）数字化数据。用户可按需要对比例尺进行任意调整、输出，也可对分辨率及数据量进行调整，直接为城市规划、土地管理等用图部门以及GIS用户服务，同时便于数据传输、共享、制版印刷。

（2）信息丰富。DOM信息量大、地物直观、层次丰富、色彩（灰度）准确易于判读。应用于城市规划、土地管理、绿地调查等方面时，可直接从图上了解或量测所需数据和资料，甚至能得到实地踏勘所无法得到的信息和数据，从而减少现场踏勘的时间，提高工作效率。

（3）专业信息。DOM具有遥感专业信息，通过计算机图像处理可进行各种专业信息的提取、统计与分析，如农作物、绿地的调查，森林的生长及病虫害，水体及环境的污染，道路、地区面积统计等。

传统的DOM生产过程包括航空摄影、外业控制点的测量、内业的空中三角测量加密、DEM的生成和DOM的生成及镶嵌。DOM生产过程原理图如图5-9所示。

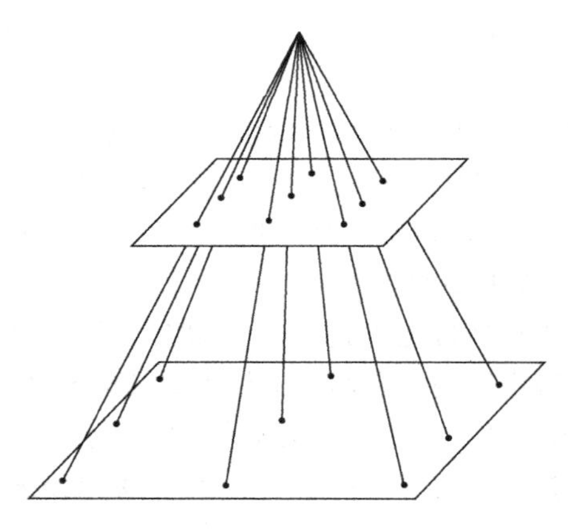

图5-9 DOM生产过程原理图

2. 数字高程模型

三维地形通常通过大量地面点空间坐标和地形属性数据来描述。数字地面模型（Digital Terrain Model，DTM）是地形表面形态等多种信息的一个数字表示。

测绘学从地形测绘角度来研究DTM，一般仅把基本地形图中的地理要素特别是高程信息，作为DTM的内容。通过储存在介质上的大量地面点空间坐标和地形属性数据，以数字形式来描述地形地貌。正因为如此，很多测绘学家将“Terrain”一词理解为“地形”，称DTM为“数字地形模型”，而且在不少场合，把DTM和数字高程模型（DEM）等同看待。

从1972年起，国际摄影测量与遥感学会（ISPRS）一直把DEM作为主题，组织工作组进行国际性合作研究。DEM是多学科交叉与渗透的高科技产物，已在测绘、资源与环境、灾害防治、国防等与地形分析有关的各个领域发挥着越来越大的作用，也在国防建设与国民生产中有很高的利用价值。例如，在民用和军用的工程项目中计算挖填土石方量；为武器精确制导进行地形匹配；为军事目的显示地形景观；进行越野通视情况分析；道路设计的路线选择、地址选择等。

DEM主要有三种表示模型：规则格网模型（Grid）、等高线模型（Contour）和不规则三角网模型（TIN），如图5-10所示。这三种不同数据结构的DEM表示方式在数据存储以及空间关系等方面各有优劣。TIN和Grid都是应用最广泛的连续表面数字表示的数据结构。TIN的优点是能较好地顾及地貌特征点、线，表示复杂地形表面比矩形格网精确，其缺点是数据存储与操作复杂。Grid的优点不言而喻，如结构十分简单、数据存储量很小、各种分析与计算非常方便有效等。

3. 数字地表模型

数字地表模型（DSM）是指包含了地表建筑物、桥梁和树木等高度的地面高程模型。DEM只包含了地形的高程信息，并未包含其他地表信息，而DSM是在DEM的基础上，进一步涵盖了除地面以外的其他地表信息的高程，在一些对建筑物或树木高度有需求的领域，得到了很大程度的重视。

DSM表示的是最真实的地面起伏情况，可广泛应用于各行各业。例如，在森林地区可以用于检测森林的生长情况；在城区，DSM 可以用于检查城市的发展情况；军事领域的巡航导弹在低空飞行过程中，不仅需要 DTM，更需要 DSM，这样才有可能使巡航导弹不会触碰森林而引爆。

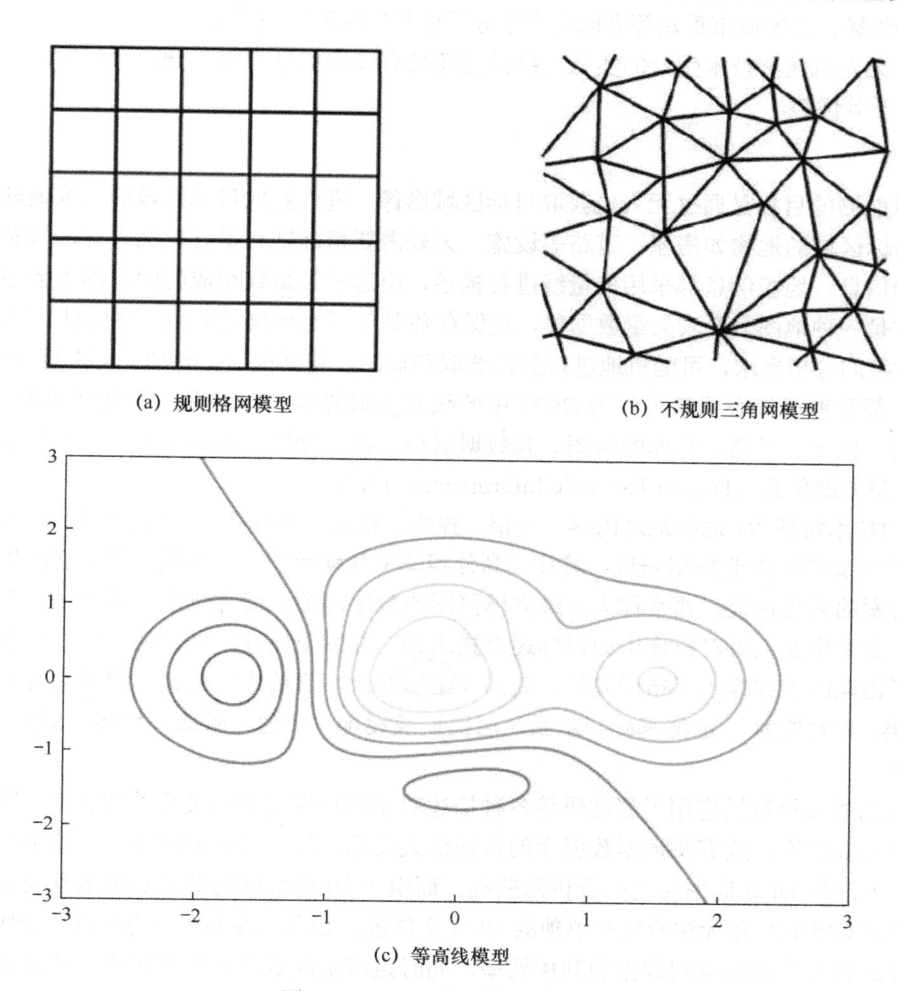

图 5-10 DEM 主要有三种表示模型

4. 实景三维模型

随着成像技术和计算机技术的不断发展，通过序列二维图像进行三维重建认知三维世界的应用需求也与日俱增。无人机平台可以获取关于目标场景大量的序列图像，通过序列图像的三维信息解析，可以获得准确的目标位置、形貌、三维结构等信息，对于现代战争以及遥感测绘都具有重要意义。从最初的机器人视觉导航到目前日益流行的计算机三维游戏、视频特技、互联网虚拟漫游、电子商务、虚拟现实等应用，如何更逼真简便地获得真实世界的三维模型，促使计算机视觉研究者们不断地完善现有的方法以及提出新的算法。在军事方面，通过无人机机载序列图像三维重建技术，获取战场高精度的三维地形地貌是取得战争胜利的重要情报保障；根据三维重建实现目标识别与定位，也是高技术条件下打赢“坐标战”的重要前提。在民用方面，通过无人机对地序列成像实现三维地形测绘已是遥感技术非常重要的手段，并成为某些特定条件下不可替代的测绘新方法。与传统的数字摄影测量需要严格的标定和复杂的过程不同，无人机成像具有成本低、使用灵活、作业周期短等特点，基于序列图的三维重建技术通过对二维序列成像的分析，利用序列图像自身的内在约束可以自动化实现场景目标的三维测量。这一技术在现场测量、三维城市重建等方面具有十分重要和广阔的应用前景。

目前，无人机航测技术生产的实景三维模型还具有纹理信息丰富、分辨率较高、边缘精度较高、成本低等优势。

5. 数字线划图（DLG）

无人机航测的目标是通过无人机获取目标区域影像，进而获取目标区域的三维地理信息模型。对于目标区域的地物如房屋、道路等设施，无疑需要精确地测量其轮廓坐标，所有目标区域中的地物信息、地貌信息都采用矢量线进行描述，由这些矢量线组成的图，称为数字线划图（DLG）。它是一种地图全要素矢量数据集，且保存各要素间的空间关系和属性信息。DLG 产品可满足各种空间分析要求，可随机地进行数据选取和显示，与其他信息叠加，可进行空间分析、决策。其中部分地形核心要素可作为 DOM 中的线划地形要素。DLG 是一种可更方便地放大、漫游、查询、检查、量测、叠加的地图。其数据量小，便于分层，能快速地生成专题地图，所以也称作矢量专题信息（Digital Thematic Information，DTI）。

DLG 的技术特征为：地图地理内容、分幅、投影、精度、坐标系统与同比例尺地形图一致。DLG 的生产主要采用外业数据采集、航片、高分辨率卫片地形图、三维模型等。它的生产过程就是地理要素的采集过程，通常称为三维立体测图或数字测图，简称测图。测图是一个人机交互的过程，需要作业人员对影像中的目标逐个描出来，并赋予属性。采集的过程有可能是反复的，采集了错误的点或输入了错误属性，就需要编辑修改。目前中国的地形要素主要分为 8 大类，46 中类。8 大类为：定位基础，水系，居民地及设施，交通，管线，境界与政区，地貌，植被与土质。

由于测图的矢量数据应用了属性码等各种描述对象的特性与空间关系的信息码，因而较容易输入一定的数据库，这需要根据数据库的数据格式要求，作适当的数据转换，这个工作一般称为入库。入库是 DLG 应用与空间分析的前提，而由于 DLG 数据模型与 GIS 数据模型存在差异性，目前的 GIS 软件还无法直接对单独的 DLG 文件进行如空间查询、分析等各种操作。这种文件管理方式将大大降低空间数据的利用效率，同时阻碍空间数据的共享进展，故采用不同成图软件所获得的数据要入库通常需要通过格式转换才能完成。

5.3 无人机航摄作业流程

相关链接：补充二维码，无人机拍摄温职风光片视频。

5.3.1 踏勘

为了使某项地质工作的设计和部署切合实际，需要事先对工作现场的地质和施工条件等进行实地的概略调查和了解，以便确定填图单位、工作部署等，这种工作称地质踏勘，简称踏勘。各项地质工作的最初阶段都有踏勘，如区域地质调查中的选区踏勘、矿点踏勘、剖面踏勘等。

1. 工作目的

地质踏勘的主要目的是：将地面地质调查野外施工设计带到现场检查和验证。地质踏勘的主要任务如下。

（1）了解岩层出露及覆盖情况，主要地层单位的特征和填图单位的划分标志，地质构造与复杂程度，油气苗和其他矿产的种类与分布。

（2）了解自然地理、经济地理、人文环境，选定基地和宿营地。

（3）对前人资料的可利用程度、前人用过的方法技术的效果做出评估。

（4）踏勘结束，提交踏勘报告。提出对施工设计的修改与补充意见，提出人员组成、装备和交通工具的配置意见，提出贯彻 HSE 管理体系的措施和经费预算方案。踏勘可利用航片或卫片配合地面踏勘，提高工作效率。对通行条件困难地区，可用航空目测踏勘。

2. 踏勘内容

（1）航测区域及空域情况。

（2）测区范围，地形情况。

（3）坐标系统控制点情况。

（4）收集其他图件资料。

3. 成果需求

DLG：1 ∶ 500、1 ∶ 2 000。

DEM：格网间距 1 m。

DOM：分辨率优于 0.2 m。

倾斜模型：分辨率优于 0.05 m。

典型案例

三亚市崖州区：无人机助力现场踏勘，探索“智慧”审批新路子

现场踏勘可以摆脱交通、地形限制，轻松精准完成。三亚市崖州区行政审批局联动崖州区科工信局，通过无人机助力现场踏勘（见图 5-11），在办理“歌舞娱乐场所经营性许可证延续事项”时使用无人机航拍，进行科学测距，运用科技手段大大提升了审批的准确度。

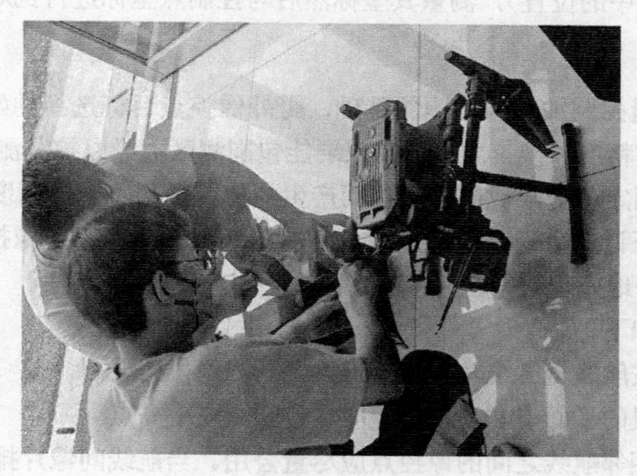

图 5-11 工作人员正在调试无人机设备

三亚崖州一娱乐厅向区行政审批局提交了歌舞娱乐场所延续材料，按照《文化和旅游部关于调整娱乐场所和互联网上网服务营业场所审批有关事项的通知》（文旅市场发〔2021〕57号文件）中明确的"《中华人民共和国未成年人保护法》施行前已开设在幼儿园周边的娱乐场所、互联网上网服务营业场所，审批机关在办理经营许可证延续或变更时，应当严格依照有关法律规定执行，切实落实不得在幼儿园周边设置娱乐场所、互联网上网服务营业场所的法定要求"，结合《海南省未成年人保护和预防犯罪规定》（海南省人民代表大会常务委员会公告第93号）第二十一条第二款中"学校、幼儿园周边直线延伸二百米范围内不得设置营业性娱乐场所、酒吧、文身服务场所、成人用品商店、互联网上网服务营业场所等不适宜未成年人活动的场所"，崖州区行政审批局工作人员需要实地查看其距离周边学校、幼儿园的直线距离。

使用传统人工踏勘方式，因交通、地形等场地限制，法律法规中明确的"直线延伸二百米范围"较难实现精准的测量，成为了工作人员踏勘中的"瓶颈"。此次无人机的应用，使踏勘工作更加得心应手，工作人员通过"低空无人机"拍摄，科学测距，高效、准确完成了踏勘任务。

三亚市崖州区行政审批局相关负责人表示，下一步，该局将继续采用信息化技术手段，进一步创新审批方式，为崖州区营造更优质的政务服务环境而努力。

5.3.2 像控点布设及测量

1. 像控点布设

航空摄影测量的目的是对目标区域进行测量，获取目标区域的地理信息，通常情况下需要像控点（又称为外业控制点、野外控制点等）对拍摄的影像进行位置和姿态标定，这个过程称为绝对定向。很多时候，飞机上安装有 GPS、IMU 等定位、定姿设备对拍摄位置进行记录，如果对成果的位置精度要求不高，可以不需要像控点，但专业的测绘生产都需要像控点进行定向。

像控点有两个重要的用途：其一是作为定向点使用，用于求解像片成像时的位置和姿态；其二是作为检查点使用，用于检查生产成果的精度，检查方式是在成果数据中找到检查点的影像位置（需要立体像对中的位置），测量其坐标然后与控制点坐标进行比对。

2. 像控点布设原则

像控点是摄影测量控制加密和测图的基础，野外像控点目标选择的好坏和指示点位的准确程度，直接影响成果的精度。换言之，像控点要能包围测区边缘以控制测区范围内的位置精度。一方面，纠正飞行器因定位受限或电磁干扰而产生的位置偏移、坐标精度过低等问题；另一方面，纠正飞行器因气压计产生的高层差值过大等其他因素。只有每个像控点都按照一定标准布设，才能使得内业更好地处理数据，三维模型达到一定精度。

像控点布点原则如下。

（1）像控点一般按航线全区统一布点，可不受图幅单位的限制。

（2）布在同一位置的平面点和高程点，应尽量联测成平高点。

（3）相邻像对和相邻航线之间的像控点应尽量公用。当航线间像片排列交错而不能公用时，必须分别布点。

（4）位于自由图边或非连续作业的待测图边的像控点，一律布在图廓线外，确保成图满幅。

（5）像控点尽可能在摄影前布设地面标志，以提高刺点精度，增强外业控制点的可取性。

（6）点位必须选择在像片上的明显目标点，以便于正确地相互转刺和立体观察时辨认点位。

像控点在像片和航线上的位置，除各种布点方案的特殊要求外，布点位置应满足下列基本要求。

（1）像控点一般应在航向三片重叠和旁向重叠中线附近，布点困难时可布在航向重叠范围内。在像片上应布在标准位置上，也就是布在通过像主点垂直于方位线的直线附近。

（2）像控点距像片边缘的距离不得小于 1 cm，因为边缘部分影像质量较差，且像点受畸变差和大气折光差等所引起的位移较大；再则倾斜误差和投影误差使边缘部分影像变形增大，增加了判读和刺点的困难。

（3）点位必须离开像片上的压平线和各类标志（框标、片号等），以利于明确辨认。为了不影响立体观察时的立体照准精度，规定离开距离不得小于 1 mm。

（4）旁向重叠小于 15% 或由于其他原因，控制点在相邻两航线上不能公用而需分别布点时，两控制点之间裂开的垂直距离不得大于像片上 2 cm。

（5）点位应尽量选在旁向重叠中线附近，离开方位线大于 3 cm 时，应分别布点。像控点一般选用像片上明显的地物点。大比例尺测图一般利用目标清晰、精度高的直角地物目标或点状地物目标作为像控点，也可以在航摄前在地面上布设人工标志，如图 5-12 所示。

图 5-12　像控点布设示意图

3．像控点测量

像控点分三种：平面点，只需联测平面坐标；高程点，只需联测高程；平高点，要求联测平面坐标和高程。由于 GNSS 技术的进步，RTK 的精度逐渐提高，从测量结果来看，RTK 技术不仅可以满足像控点的精度要求，而且可以大量节省测量时间，与传统像控点测量方法相比显示出较大的优越性。像控点测量示意图如图 5-13 所示。

图 5-13 像控点测量示意图

5.3.3 无人机航飞

无人机航飞作业是指将航摄仪安置在飞机上，按照技术要求对地面进行摄影的过程。

航空摄影进行前，需要利用与航摄仪配套的飞行管理软件进行飞行计划的制订。根据飞行地区的经纬度、飞行需要的重叠度、飞行速度等，设计最佳飞行方案，绘制航线图。在飞行中，一般利用卫星进行实时定位与导航，拍摄过程中，操作人员可利用飞行操作软件，对航拍结果进行实时监控与评估。

5.3.4 数据整理

数据整理是摄影测量内业生产前期的重要环节，是否正确理解原始数据对成果的生产以及精度有着重要的影响。在此环节中，需要分析航片的分辨率、摄影比例尺、地面分辨率、影像的航带关系等，同时也需要对相机文件、控制点文件、航片索引图等进行分析整理。整理的内容包括：飞机 POS 文件；基站存储文件；像控点文件；照片整理。

5.4 南方地理信息数据成图软件 SouthMap

南方地理信息数据成图软件 SouthMap 是基于 AutoCAD 和国产 CAD 平台，集数据采集、编辑、成图、质检等功能于一体的成图软件，主要应用于大比例尺地形图绘制、三维测图、点云绘图、日常地籍测绘、工程土石方计算等领域。

5.4.1 SouthMap 特性

SouthMap 特性共有 10 种，如图 5-14 所示，下面介绍主要的 8 种。

1. 灵活的授权方式

SouthMap 软件具备硬件锁、云授权、软许可三种授权方式。单机网络一体，单机锁和网络锁模式可远程切换，联网登录账户即可使用，内网用户绑定计算机即可使用。SouthMap 软件授权界面如图 5-15 所示。

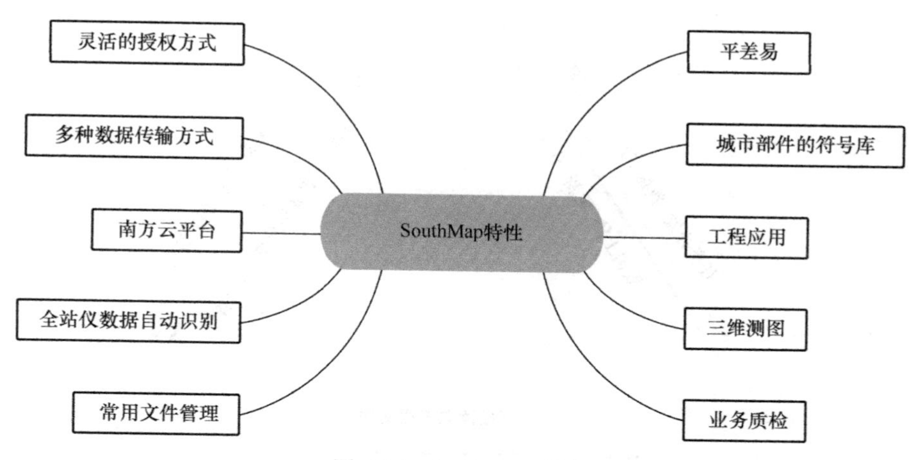

图 5-14　SouthMap 特性

图 5-15　SouthMap 软件授权界面

2．多种数据传输方式

智能全站仪可在线上传数据到南方云平台、更新和分享数据；南方云平台进行数据管理、任务分发、项目进度监控；SouthMap 直接从云端下载外业采集数据，多个小组可以实现同步作业，避免一份数据多次复制和传递。SouthMap 数据传输示意图如图 5-16 所示。

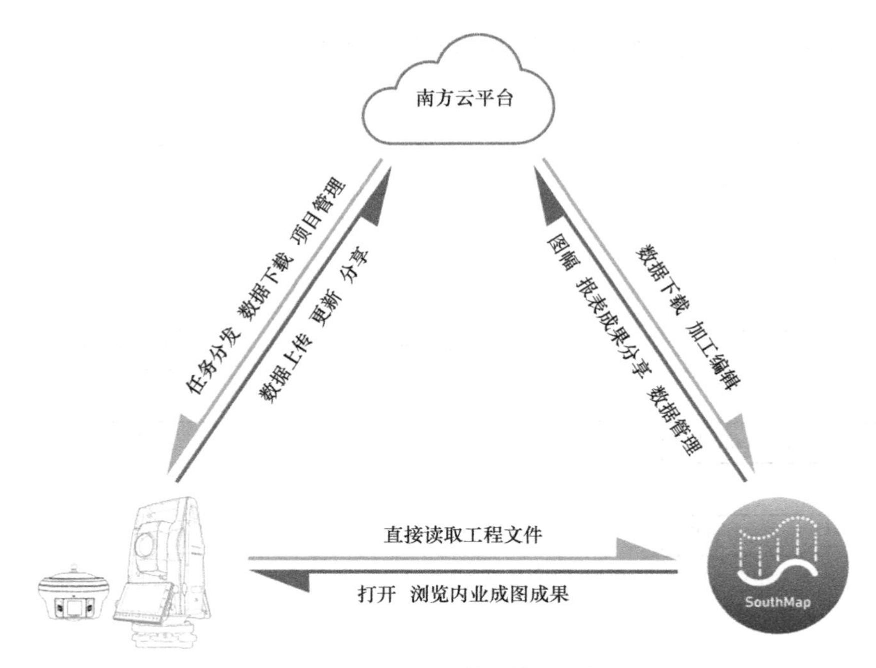

图 5-16 SouthMap 数据传输示意图

3. 南方云平台

(1) 工程之星 5.0 与 SouthMap 数据互联互通，如图 5-17 所示。

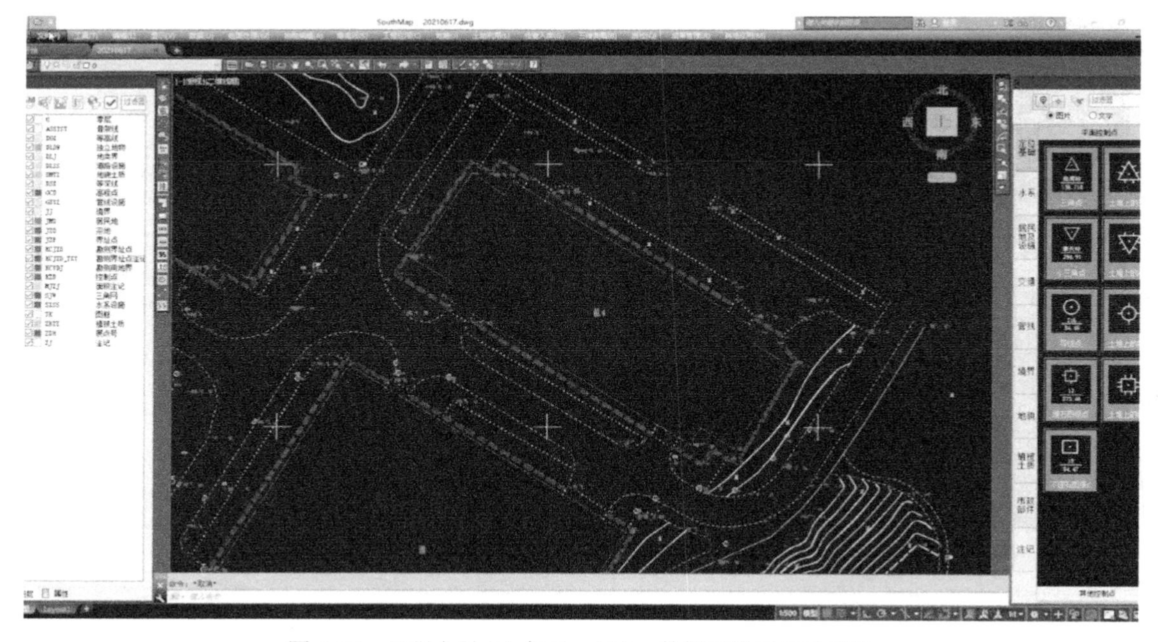

图 5-17 工程之星 5.0 与 SouthMap 数据互联互通示意图

(2) 手机与 SouthMap 数据互联互通，如图 5-18 所示。

相关链接：补充二维码，手机端操作 SouthMap 数据视频。

（3）全站仪文件共享，如图 5-19 所示。

图 5-18　手机与 SouthMap 数据互联互通示意图

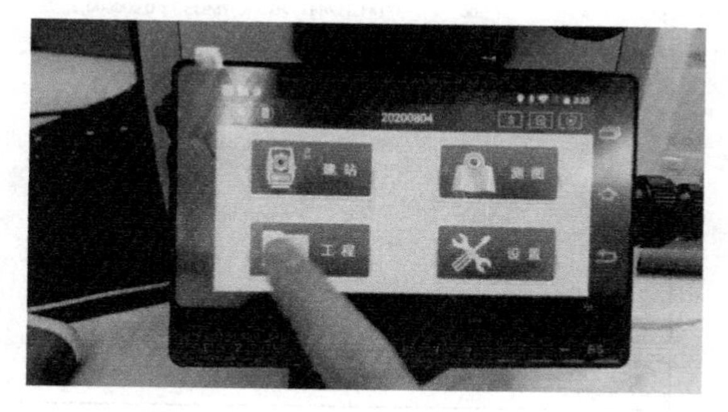

图 5-19　全站仪文件共享示意图

4．全站仪数据自动识别

SouthMap 可自动识别全站仪测量数据，如图 5-20 所示。

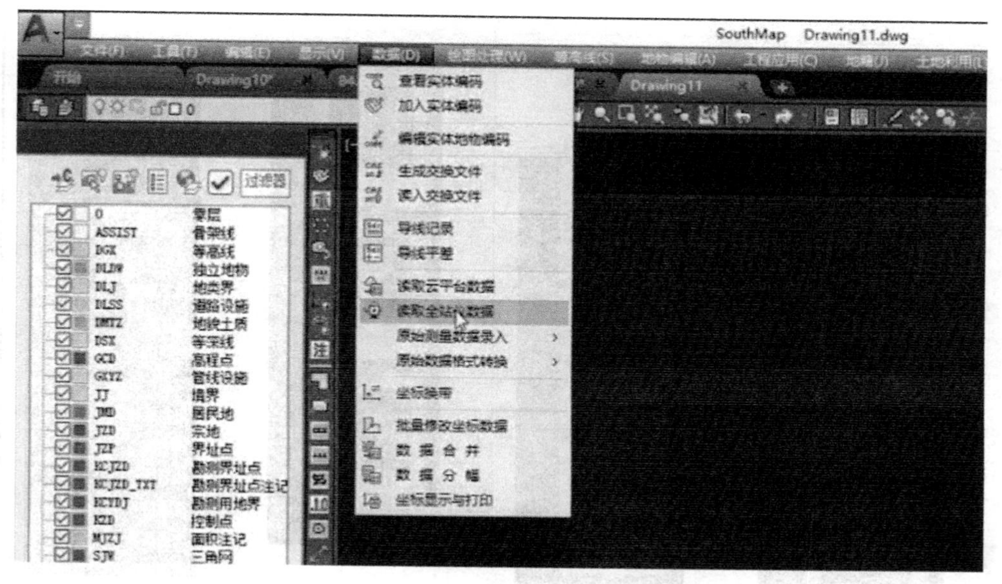

图 5-20　全站仪数据自动识别示意图

相关链接：补充二维码，全站仪数据自动识别。

5．平差易

SouthMap 针对不同工程项目可以设置国家二等、三等、四等，城市一级、二级，图根及自定义。设置界面如图 5-21 所示。

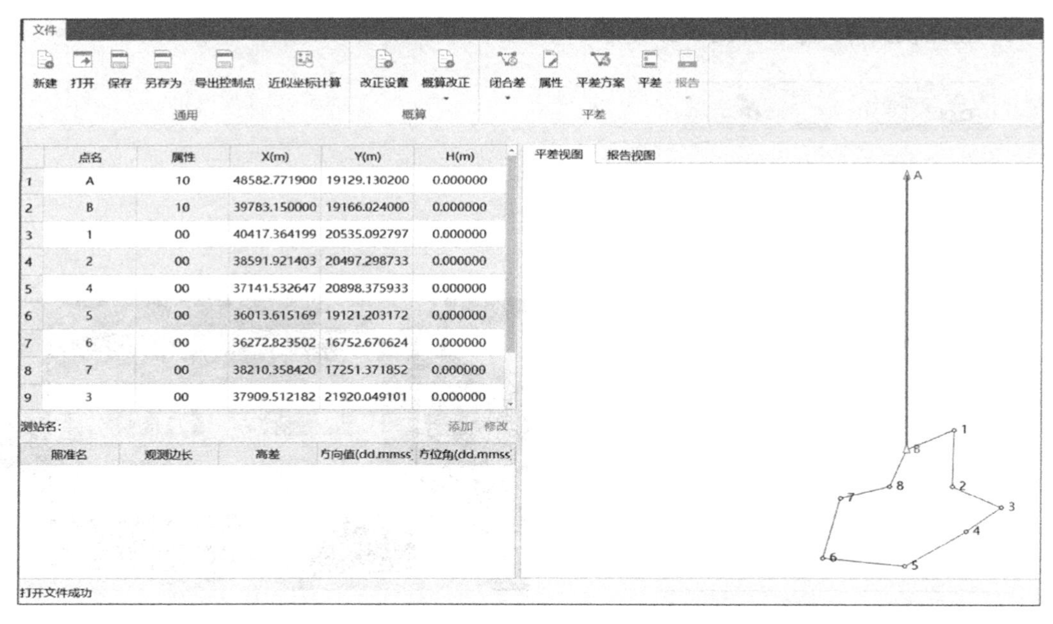

	点名	属性	X(m)	Y(m)	H(m)
1	A	10	48582.771900	19129.130200	0.000000
2	B	10	39783.150000	19166.024000	0.000000
3	1	00	40417.364199	20535.092797	0.000000
4	2	00	38591.921403	20497.298733	0.000000
5	4	00	37141.532647	20898.375933	0.000000
6	5	00	36013.615169	19121.203172	0.000000
7	6	00	36272.823502	16752.670624	0.000000
8	7	00	38210.358420	17251.371852	0.000000
9	3	00	37909.512182	21920.049101	0.000000

图 5-21 设置界面

6．城市部件的符号库

SouthMap 内置丰富的城市部件符号库，如图 5-22 所示可提高绘图效率。

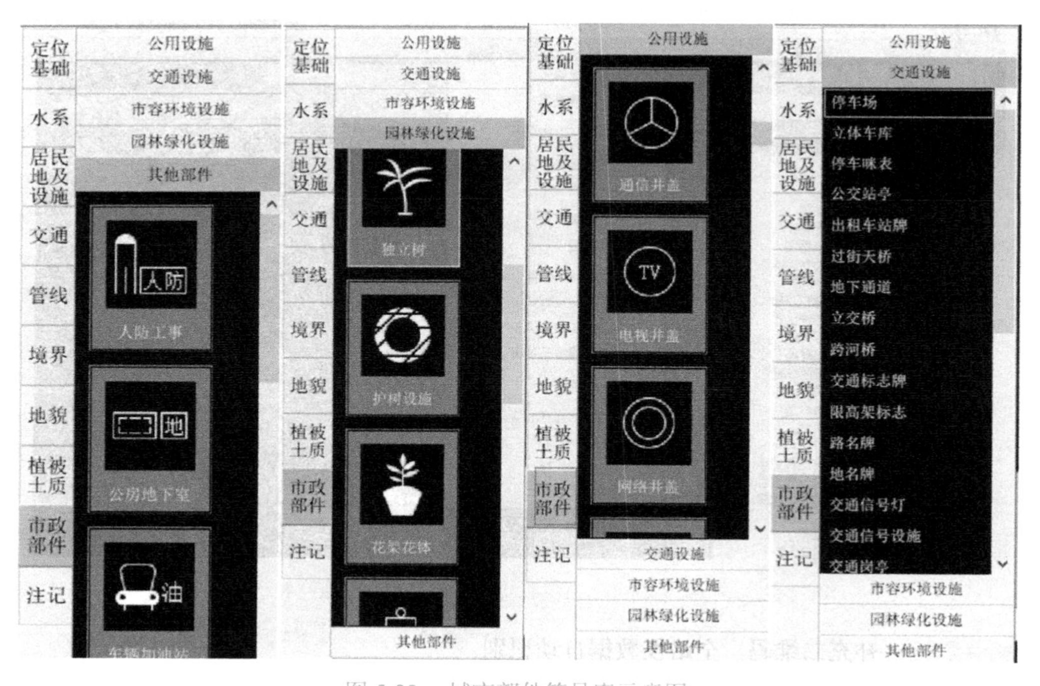

图 5-22 城市部件符号库示意图

7．工程应用

SouthMap 提供断面法、三角网法、方格网法、等高线法计算土石方量，对应不同的工程条件。利用大量实际工程数据对传统土石方计算算法进行验算并改进，提高计算精度。方格网法土方计算支持扣岛计算，自动识别岛区并将其从计算范围区剔除，正确计算出实际填挖土方量。计算结果可以直观地显示在图面上，也可以输出到表格中，方便数据汇总、整理和分析。

【例 5-1】外部最外围是土方计算范围线，内部两个矩形区域是构筑物，不参与土方计算。传统方法需要裁剪划分区域计算，且出现共边情况时计算结果误差大。那该如何高效率计算这类型土方工程？

答：利用 SouthMap 方格网法计算土方，支持扣岛计算。计算前选中“岛”的部分，软件计算时将其剔除，弧形或方形岛均可处理。

【例 5-2】露天矿山环境恶劣人员进场存在安全隐患，难于到达现场，传统利用全站仪免棱镜测量，效率低。应如何计算露天矿山土方量？

答：（1）利用无人机进行倾斜摄影测量，用 SouthMap 将航测内业处理后的 DEM 和 DOM 合成三维模型。

（2）SouthMap 基于三维模型，批量快速提取测区高程点，并构建三角网。

（3）无人机定期采集测区数据。

（4）SouthMap 计算多期土方，可合成三维模型，批量提取高程，构建三角网，完成土方计算。

SouthMap 土方计算网络图如图 5-23 所示，SouthMap 土方计算模型示意图如图 5-24 所示。

土方计算时的任意断面动态设计：如图 5-25 所示，在左侧表中输入设计参数，右侧的小窗口可以动态同步显示断面，更加直观。

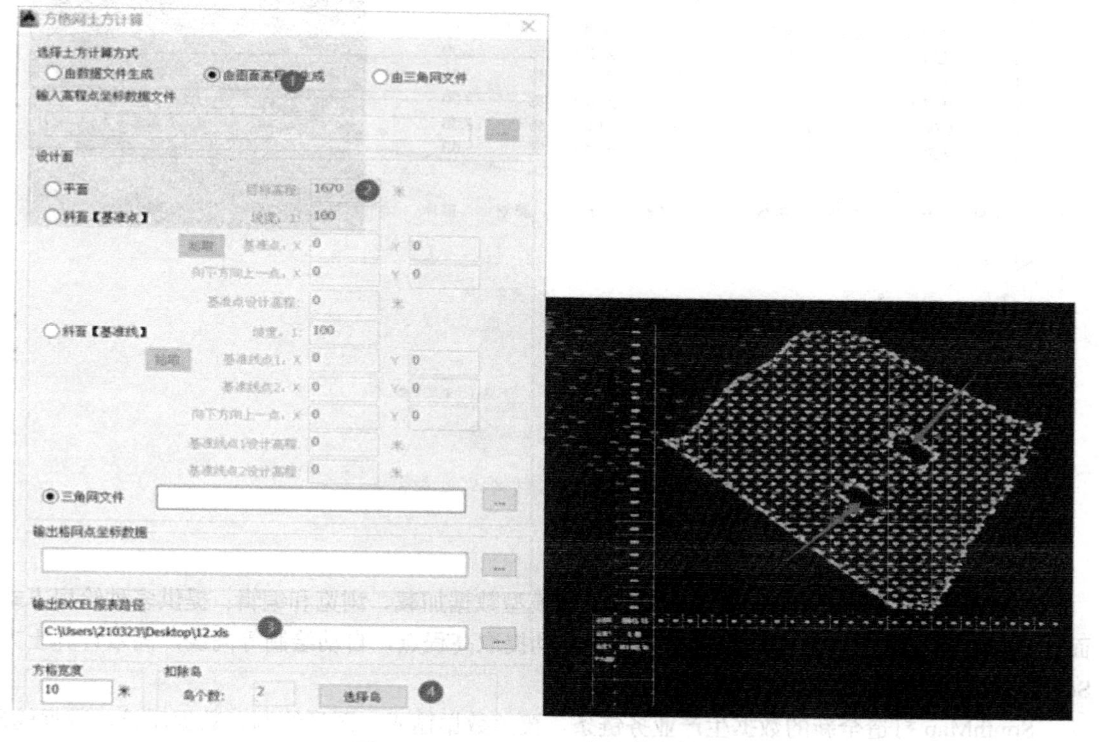

图 5-23　SouthMap 土方计算网络图

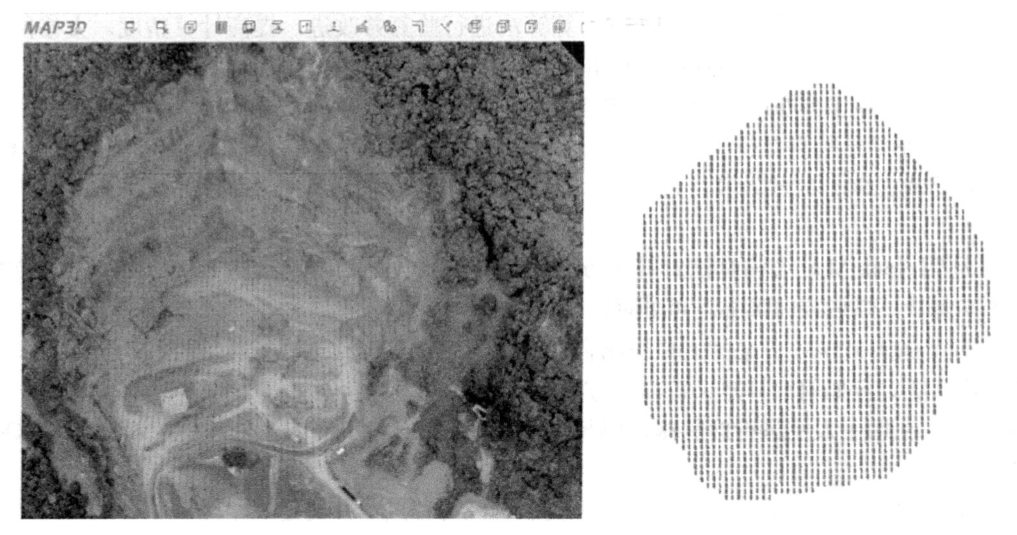

图 5-24　SouthMap 土方计算模型示意图

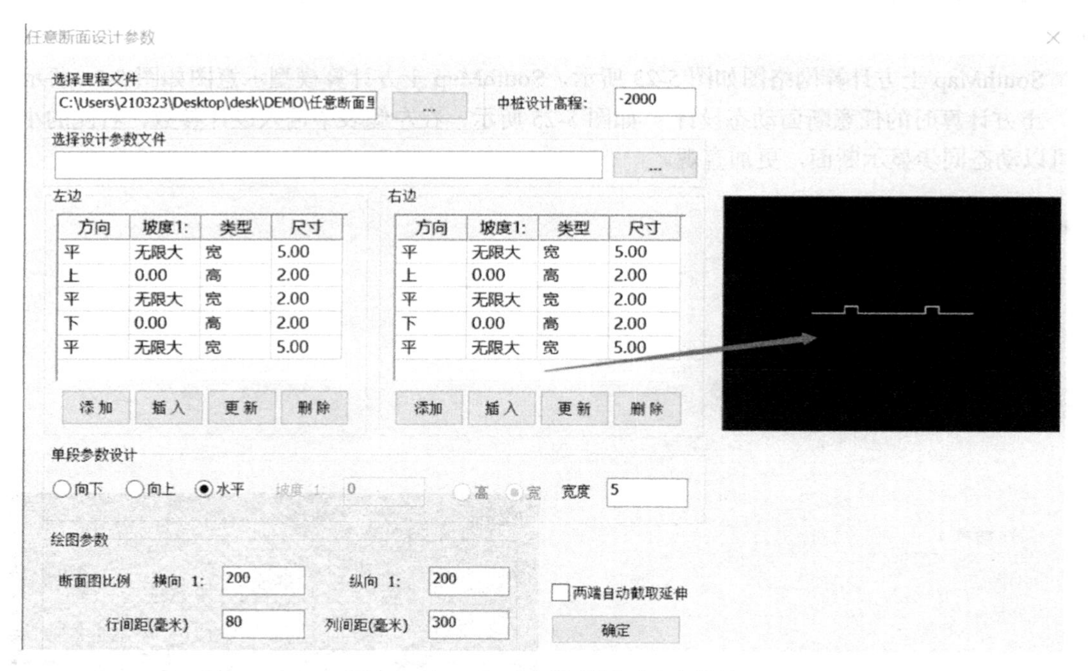

图 5-25　SouthMap 任意断面动态设计

8．三维测图

SouthMap 将 3D 模块嵌入软件，支持三维模型数据加载、浏览和编辑；提供多种绘房方式，面面相交绘房、直角绘房和智能绘房；支持自动提取高程点，自动绘制等高线，高效计算土方。SouthMap 房屋测量示意图如图 5-26 所示。

SouthMap 打造全新的数据生产业务链条，覆盖数据输入、图形绘制、数据质检、数据输出和成果管理各环节。

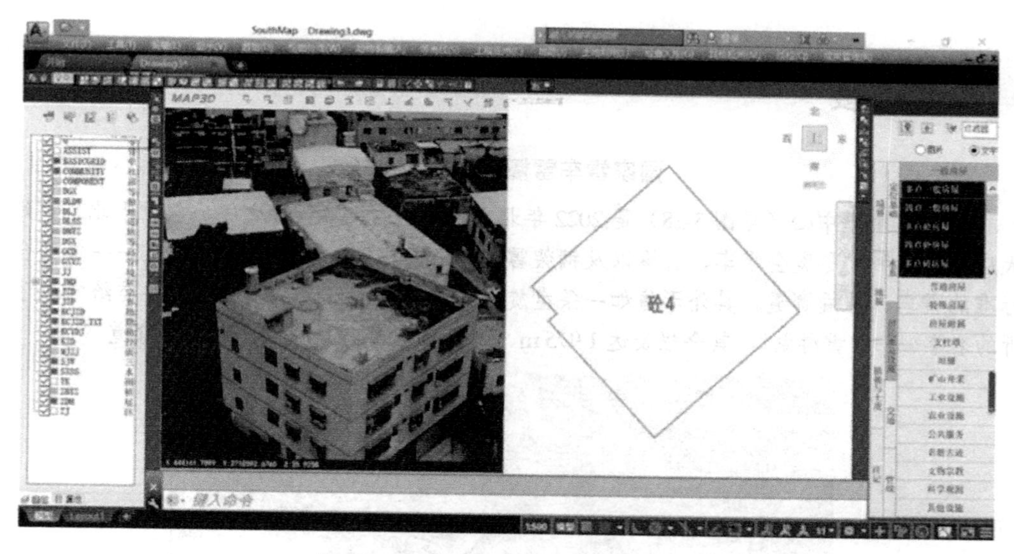

图 5-26　SouthMap 房屋测量示意图

5.4.2　SouthMap 工作流程

SouthMap 工作流程包含数据输入、地形地籍图绘制、数据质检、数据输出、成果管理 5 个步骤，如图 5-27 所示。

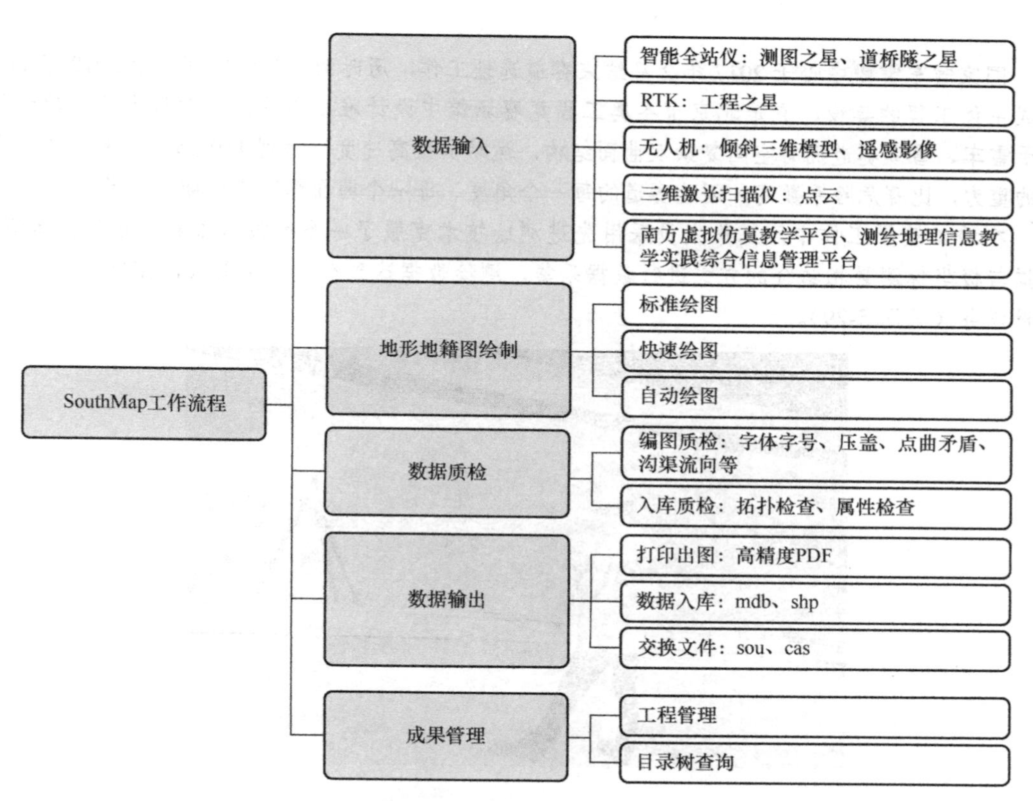

图 5-27　SouthMap 工作流程

思政链接

国家雪车雪橇中心竣工测绘

国家雪车雪橇中心（见图 5-28）是 2022 年北京冬奥会的比赛场地之一，它位于北京市延庆区西大庄科村，用于冬奥会雪车、雪橇以及钢架雪车项目的比赛，拥有目前国内唯一一条符合冬奥会标准的雪车、雪橇赛道。其外形仿如一条盘旋在山脉顶部的巨龙，北京冬奥组委给它取了一个好听的名字——“雪游龙”。其全程长达 1 975 m、垂直落差为 121 m、共有 16 个弯道。

图 5-28　国家雪车雪橇中心设计图

国家雪车雪橇中心于 2017 年 2 月结束赛道选址工作，历时两年半的时间，于 2019 年 11 月完成主体工程的建设，它是北京市冬奥工程竞赛场馆中设计难度与施工难度最大的新建场馆。由于雪车、雪橇赛道拥有空间复杂双曲面结构，运动员最高速度可达到 140 km/h，离心力超过 5 倍的重力，比赛危险系数高，因此赛道的每一个角度、每一个曲面都需要精细到毫米级。

在竣工测量工作中，工作人员采用先进测绘技术克服了一系列技术难题，采用三维激光扫描与极坐标测量相结合的方式进行数据采集，测绘数据达到精度指标要求，按期完成了竣工测量任务（见图 5-29）。

图 5-29　工作人员在测绘作业

课后思考与练习

1. 简述摄影测量的定义及发展阶段。
2. 简述无人机航测的定义及优势。
3. 常见的航测成果有哪些？
4. 近年来，无人机航测的发展趋势有哪些？
5. 无人机航测的应用领域有哪些？
6. 影响无人机飞行的因素包括哪些方面？现场踏勘的内容包括哪些方面？
7. 像控点布设有哪些规范要求？
8. 无人机航飞流程一般包括哪些环节？
7. 航测数据整理包含哪些内容？
8. 简述实操无人机航测外业的步骤。
9. 实训任务：以大疆 PHANTOM 4 RTK 测绘无人机（见图 5-30）为例，对其进行组装、拆卸、调试，填写任务清单（见表 5-1）和评价清单（见表 5-2）。

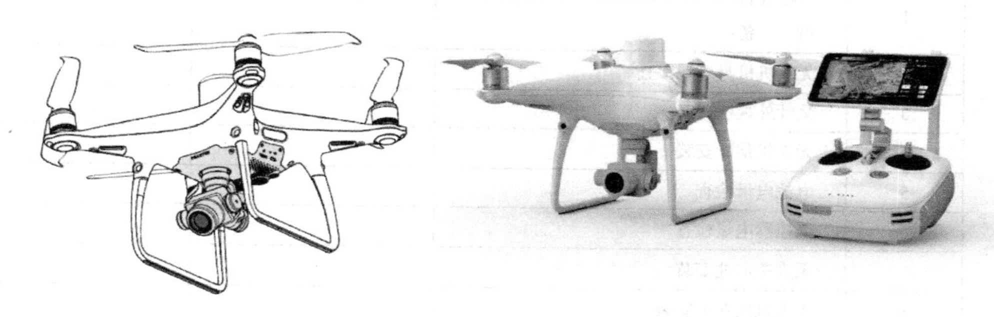

图 5-30 大疆 PHANTOM 4 RTK 测绘无人机

表 5-1 任务清单 1

姓名		班级		学号		组别	
处理项目			检查			记录	
无人机机身外观检查							
桨叶外观检查							
无人机桨叶安装							
电池电量检查							
遥控器电量检查							
无人机电池安装							
无人机内存卡安装							
镜头卡扣摘除							
遥控器平板连接							
无人机遥控器开机顺序							
无人机状态检查							
无人机遥控器关机顺序							
无人机电池拆除							

（续表）

姓名		班级		学号		组别	
无人机桨叶拆除							
无人机内存卡拆除							
镜头卡扣安装							
遥控器平板拆除							
无人机装盒							
结论							
综合评价							

表 5-2 评价清单 2

基本信息	姓名		班级		学号		组号	
	角色	□主操作员 □辅操作员						
	规定时间		完成时间		考核日期		指导教师	
考核内容	序号	步骤			完成情况			
					完成		未完成	
	1	考核准备： 设　　备：						
	2	无人机机身外观检查						
	3	桨叶外观检查						
	4	无人机桨叶安装						
	5	电池电量检查						
	6	遥控器电量检查						
	7	无人机电池安装						
	8	无人机内存卡安装						
	9	镜头卡扣摘除						
	10	遥控器平板连接						
	11	无人机遥控器开机顺序						
	12	无人机状态检查						
	13	无人机遥控器关机顺序						
	14	无人机电池拆除						
	15	无人机桨叶拆除						
	16	无人机内存卡拆除						
	17	镜头卡扣安装						
	18	遥控器平板拆除						
	19	无人机装盒						
指导教师评价		优秀　　良好　　中等　　及格　　不及格						

微课视频

项目 6

三维激光扫描技术

知识目标：

- 了解激光雷达技术的基本原理；
- 了解激光雷达技术的工程应用。

微课视频

技能目标：

- 能识别不同的激光扫描成果类型；
- 能够使用三维激光扫描设备进行工程测量。

思政目标：

- 树立攻坚克难、不畏艰辛的职业操守。

思维导图：

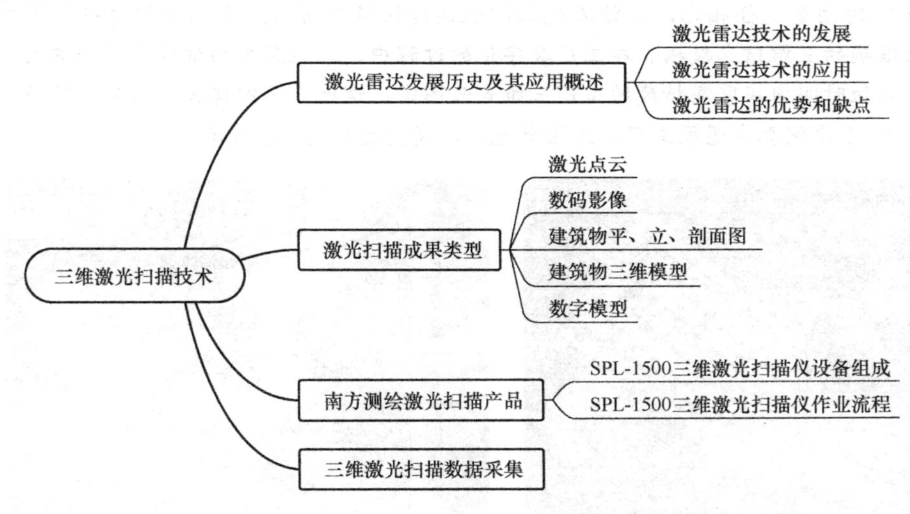

引导案例

三维激光扫描技术在数字化工厂中的应用

数字化工厂的出现给制造业带来了新的活力，是沟通产品设计和产品生产制造的桥梁。现阶段，三维激光扫描技术主要应用在大型工厂、变电站等内部结构复杂的设施建设中。三维激光扫描技术具有快速性、零接触、高精度、数字化等特点，在数字化工厂中发挥着数据采集、模型建立、虚拟安装、厂房搬迁、紧急预案策划等作用。

近几年，越来越多的制造企业开始关注和灵活运用数字化工厂技术。三维数字化建模是建设数字化工厂的基础，而三维激光扫描技术又为三维建模提供了基础数据，结合三维软件构建的三维模型，实现工厂的三维数字化。三维激光扫描技术的综合运用在很大程度上提高了数字化工厂建设的可靠性和便捷性。工厂三维激光扫描应用如图 6-1 所示

图 6-1 工厂三维激光扫描应用

三维激光扫描技术在数字化工厂这个领域的综合运用，对大型设备、工厂、电站等基础制造业、基础设施的运营和发展起到了促进性的积极作用。依靠三维激光扫描技术所获得的准确数据为日常检修提供了数据依据，同时也为工厂现状调查、工厂虚拟安装、工厂数字化逆向仿真建模、工厂相关运营方案的制定提供了有力的数据支撑。在工厂改造、搬迁等方面有效地控制了人力物力的费用支出，更好地实现了降本增效。

和传统的测量途径相比，三维激光扫描仪通过快速高密集点面测量的途径能够快速获取物体表面准确的三维信息数据。在工厂数字化的过程中，三维激光扫描仪的范围更大、精度更高，可以在短时间内获取高精度的工厂三维点云图像，这也是三维建模的基础和依据，从而更好地实现 1∶1 比例真实还原工厂。三维激光扫描模型图如图 6-2 所示。

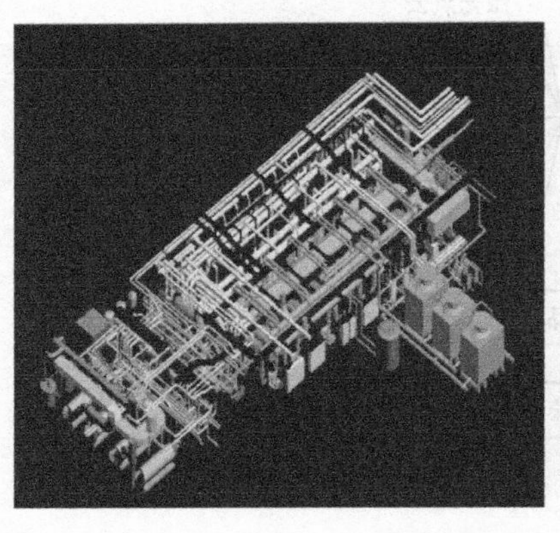
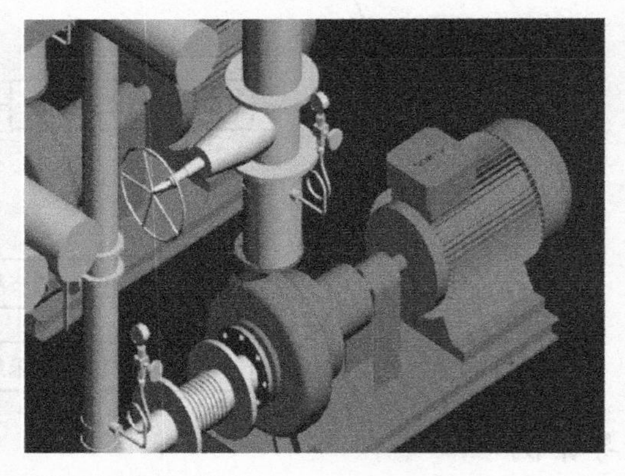

图 6-2 三维激光扫描模型图

6.1 激光雷达发展历史及其应用概述

激光雷达技术是近几十年以来摄影测量与遥感领域中具有革命性的成就之一。激光雷达（Light Detection and Ranging，LiDAR，即激光雷达探测及测距）是一种通过发射激光束来探测

远距离目标的散射光特性以获取目标物体的精确三维空间信息的光学遥感技术，是传统雷达技术和现代激光技术、信息技术相结合的产物。伴随超短脉冲激光技术、高灵敏度高分辨率的弱信号探测技术和高速大量数据采集系统的发展应用，激光雷达以其高测量精度、精确的时空分辨率以及大的探测跨度而成为一种非常重要的主动式遥感工具。

6.1.1　激光雷达技术的发展

激光雷达起源于20世纪60年代初期，在激光发明后不久，通过激光对焦成像与使用感测器和数位搜集装置测量信号回传时间，以及计算距离的能力结合而产生。它的第一个应用来自气象学，美国国家大气研究中心用它来测量云。1971年阿波罗15号任务期间，当宇航员使用激光高度计绘制月球表面时，人们意识到激光雷达的准确性和实用性。

激光雷达技术在国内起步较晚，中国测绘应用研究所李树凯教授于1996年研制了成像系统原理样机——机载激光扫描测距系统。该系统与国际上流行的机载激光扫描测距系统有很大区别，它将多光谱扫描成像仪与激光扫描仪共用一套光学系统，利用硬件设备来实现DEM与遥感影像的高精度配准，将其用于直接获取地学编码影像，但该系统离实用阶段还有一段距离。武汉大学李清泉教授团队研制了地面激光扫描测距系统，但并没有将定位定向POS系统集成于一体。

目前国内的激光雷达应用方向主要集中于以下几个方面：误差分析坐标转换、精度评定等方面的激光点云数据预处理及精度方面的分析；地形研究、森林研究、房屋重建、电力巡线等方面的激光雷达数据应用研究；激光雷达数据与其他数据的融合研究，主要集中于激光雷达数据与已有的DEM、DSM、DOM等数据的联合研究。

国内的激光雷达市场目前还处于早期阶段，在今后的一段时间内，激光雷达的研究工作将主要集中在不断开发新的产品形态、融合多元数据和不断探索新的工作场景、用途等方面。随着MEMS技术、图像处理算法等技术的应用与创新，以及电子元器件采购成本的下降，激光雷达系统的发展趋势是高精度、小体积、低成本。

国外对激光雷达的研究和应用相比国内更加广泛。除了在国内应用较多的测绘级、车规级激光雷达，国外开发了更多的应用方向。例如：侦察用成像激光雷达和障碍回避激光雷达，可安装在直升机或无人机上，根据不同化学战剂对特定波长反射和吸收的特性对战剂进行探测、识别；水下探测激光雷达，自动识别水下目标，并实施目标分类和定位；空间监视激光雷达，可进行远距离探测、跟踪和成像，核查轨道上的卫星。

6.1.2　激光雷达技术的应用

目前激光雷达技术已应用于各行各业，主要有城市三维建筑模型、大气环境监测、油气勘查、汽车及交通运输等领域。

1．激光雷达技术在城市三维建筑模型中的应用

通过机载激光雷达可以快速地完成地面三维空间地理信息的采集，经过处理便可得到具有坐标信息的影像数据，同步利用激光进行三维建筑建模。最后利用专业软件（如智慧城市管理平台）进行纹理面的选择、匀光处理等，将反映建筑现状的影像信息映射在对应的模型上，达到反映城市现状的目的（见图6-3）。

图 6-3 智慧城市管理平台

2．激光雷达技术在大气环境监测中的应用

利用激光雷达可以探测气溶胶、云粒子的分布、大气成分和风场的垂直廓线，对主要污染源可以进行有效监控。当激光雷达发出的激光与这些漂浮粒子发生作用时会发生散射，而且入射光波长与漂浮粒子的尺度为同一数量级，散射系数与波长的一次方成反比。米氏散射激光雷达依据这一性质可完成气溶胶浓度、空间分布及能见度的测定（见图 6-4）。

图 6-4 气溶胶激光雷达

3．激光雷达在油气勘查中的应用

利用遥感直接探测油气上方的烃类气体的异常是一种直接而快捷的油气勘探方法，激光器的工作波长范围广，单色性好，而且激光是定向辐射的，具有准直性、测量灵敏度高等优点，使其在遥感方面远优于其他传感器。激光雷达接收系统收集大气尘埃微粒和各种气体分子散射过程中所产生的背向散射光谱，以达到探测大气成分和浓度的目的。

4. 激光雷达在汽车及交通运输领域的应用

1）自动泊车技术

自动泊车系统一般在汽车前后四周安装感应器，这些感应器既可以充当发送器，也可以充当接收器。它们会发送激光信号，当信号碰到车身周边的障碍物时会反射回来，然后车载计算机会利用其接收信号所需时间确定障碍物的位置。也有部分自动泊车系统在保险杠上安装摄像头或者雷达来检测障碍物，总的来说，其原理是一样的，汽车会检测到已停好的车辆、停车位的大小以及与路边的距离，然后将汽车驶入停车位。

2）ACC 自适应巡航技术

ACC 系统包括雷达传感器、数字信号处理器和控制模块。司机设定预期车速，系统利用低功率雷达或红外线光束得到前车的确切位置，如果发现前车减速或监测到新目标，系统就会发送执行信号给发动机或制动系统来降低车速，使车辆和前车保持一个安全的行驶距离。当前方道路没车时又会加速恢复到设定的车速，雷达系统会自动监测下一个目标。主动巡航控制系统代替司机控制车速，避免频繁地取消和设定巡航控制，使巡航系统适用于更多的路况，为驾驶者提供一种更轻松的驾驶方式。

3）无人驾驶技术

无人驾驶系统在车顶安装可旋转激光雷达传感器，持续向四周发射微弱激光束，从而实时勾勒出汽车周围 360°三维街景，同时结合 360°摄像头以帮助汽车观察周围环境。系统将收集到的信息进行分析，区分恒定不变的固体（车道分隔、出口坡道、公园长椅等）以及不断移动的物体（行人、迎面而来的车辆等），并将所有的数据都汇总在一起，再根据算法判断周围环境，从而做出相应的反应。通过激光雷达辅助无人驾驶如图 6-5 所示。

图 6-5 通过激光雷达辅助无人驾驶

4）激光雷达扫描系统的快速成型技术

该技术主要应用于样件汽车模型的制作和模具的开发，能够较大地缩短新产品的开发周期，降低开发的成本，使新产品的市场竞争力得到提高，还能够应用在汽车的零部件上，多用于分析和检验加工的工艺性能、装配性能、相关的工装模具以及测试运动特性、风洞实验等。

5）激光雷达与智能交通信号控制

在城市重要交通路口信号控制系统中集成一个地面式三维激光扫描系统，通过激光扫描仪对一定距离的道路进行连续扫描，获得这段道路上实时、动态的车流量点云数据，通过数据处理获得车流量等参数，根据对东西向和南北向车流量大小的比较以及短暂车流量预测，从而自动调节东西向和南北向信号灯周期（见图 6-6）。

图 6-6 激光雷达控制交通信号灯

6）激光雷达与交通事故勘查

运用三维激光扫描仪对事故现场进行三维扫描，现场取证，扫描仪的数据能够生成事故现场的高质量图像和细节示意图，便于后期提取调查和法庭审理。调查表明，用三维激光扫描仪采集事故现场数据平均每次减少 90 min 的道路封闭时间。

5. 激光雷达技术在数字电网中的应用

采用激光雷达技术，可以快速获取高精度三维地形数据、影像数据、电力线以及线下地物数据，为电网规划、改造、检修和维护应用提供数据基础（见图 6-7）。

图 6-7 激光雷达应用于电网检修

6. 激光雷达技术在工程勘测中的应用

激光雷达技术可以为城市建设、工程建设等提供各种比例尺数字形图、影像图、三维地形模型、各类专题图等数据，为城市规划、建设项目立项，选城论证以及房屋拆迁、用地普查、公共设施配套等提供决策依据和咨询意见，并为水文、地质、地震、环保等综合分析提供参考。利用建设工程竣工测量、地下管线竣工测量、修测等，保证基础地理信息的动态性和现势性。激光扫描用于建筑边坡数据采集如图 6-8 所示。

图 6-8　激光扫描用于建筑边坡数据采集

7. 激光雷达在机器人领域的应用

自主定位导航是机器人实现自主行走的必备技术，不管什么类型的机器人，只要涉及自主移动，就需要在其行走的环境中进行导航定位，但传统的定位导航方法由于智能化水平较低，没有解决定位导航的问题。直至激光雷达的出现，在很大程度上化解了这个难题。机器人采用的定位导航技术以激光雷达 SLAM 为基础，增加视觉和惯性导航等多传感器融合的方案，帮助机器人实现自主建图、路径规划、自主避障等任务。它是目前性能最稳定、可靠性最高的定位导航方法，且使用寿命长，后期改造成本低。建筑砌砖机器人如图 6-9 所示。

图 6-9　建筑砌砖机器人

8. 激光雷达在智能设备中的应用

在多媒体交互领域通过搭载激光雷达，可以实现屏幕互动，即在实际的交互体验中呈现一道不可见的多点触摸墙，使得用户的交互体验更加自然舒适。通过激光雷达扫描的数据，上传到主机去实现交互效果。它作为核心位置检测传感器，可帮助集成系统通过雷达的检测区域，实现各类鼠标事件，进而实现墙面投影互动、地面投影互动、玻璃栈道景区、儿童娱乐互动等交互娱乐活动。

6.1.3 激光雷达的优点和缺点

1. 激光雷达的优点

激光雷达技术的发展历史虽然不长，但已经引起人们的广泛关注，成为国际社会研究开发的重要技术之一。同其他常规技术手段相比，激光雷达技术具有其自身独特的优越性，主要表现在以下几方面。

（1）体积小、质量小。相比普通雷达以吨计质量、复杂构造、庞大体积，激光雷达有利于运输与维修，架设、拆收都很方便，在战争中不会被敌军轻易发现、破坏。因其质量小、体积小的特点，对载体平台要求更低，普遍可安装在飞行器机体上，不占用太多空间就可对地面进行低空探测。

（2）隐蔽性好，抗干扰能力强。激光沿直线传播，传播路径确定，具有方向性好、光束窄的特点，想要发现和截获激光信号非常困难，且不需要普通雷达大的发射和接收口径。

（3）数据密度高。点云之间的采集间距可达毫米级，有利于真实物体表面信息的模拟。

（4）植被穿透力强。激光雷达的激光脉冲信号部分能穿过植被，快速获得高精度和高空间分辨率的森林覆盖区的真实 DSM。

5）不受阴影和太阳高度角影响。采用主动测量方式，激光测距方法不依赖自然光。因太阳高度角、植被、山岭等影响，在传统航测往往无能为力的阴影地区，激光雷达获取数据的精度不受其影响，可全天候作业。

2. 激光雷达的缺点

（1）工作时受天气和大气影响大。激光一般在晴朗的天气里衰减较小，传播距离较远，而在大雨、浓烟、浓雾等不良天气条件下，衰减急剧加大，传播距离大受影响。例如，工作波长为 10.6 μm 的 CO_2 激光，是所有激光中大气传输性能较好的，在不良天气中传播的衰减是晴天的 6 倍。地面或低空使用的 CO_2 激光雷达的作用距离，晴天为 10 ～ 20 km，而不良天气则降至 1 km 以内。而且大气环流还会使激光光束发生畸变、抖动，直接影响激光雷达的测量精度。

（2）由于激光雷达的波束极窄，在空间搜索目标非常困难，直接影响对非合作目标的截获概率和探测效率，只能在较小的范围内搜索、捕获目标，因而激光雷达较少单独直接应用于战场的目标探测和搜索。

3. 激光雷达数据处理需要解决的关键问题

抛开激光雷达硬件设备自身属性方面的问题，在数据的共性应用软件方面，如数据管理、共享、分析与应用中，也存在诸多困难需要克服，综合主流技术观点，激光雷达数据处理需要解决的关键问题有以下 4 个方面。

（1）数据处理平台的多源、时空数据融合能力。从以上应用场景来看，激光雷达虽然单点能力很强，但静态、单数据源能力依然有限，需要融合多源（遥感、CIS等）、多时相地理空间数据综合管理应用，才能更好地实现信息提取、目标识别和变化检测等功能，同时高效构建场景级、行业级与城市级的数字孪生综合管理应用。

（2）分布式、高性能数据处理引擎。激光雷达数据体量大，文件多达GB级，在高精度地图中，甚至高达TB、PB级数据量，在处理时需要充分发挥CPU、集群等硬件性能，以及好的数据组织、优化算法等。

（3）数据标准与数据产品自动化生产能力。激光雷达数据是基础测绘地理信息产品的重要素材，也是高精度地图的重要原料。因此，研制好算法，提供自动化、少人工干预的交互工具、质量检查方法，在行业内形成统一的数据生产标准等，是完善激光雷达数据技术的重要趋势。

（4）多维度空间分析应用。激光雷达数据已经能够生产所有的基础测绘产品，同时支持三维内容场景的构建，但还未充分发挥其空间分析交互特性与业务数字化深入结合的能力，这也是重大挑战，不仅需要在理论和算法上创新，更需要深入行业，掌握行业应用的需求和规律，实现激光雷达技术发展驱动与政企业务数字化转型需求结合的创新，如自然灾害风险评估、数字城市虚实映射空间桥接等。

6.2 激光扫描成果类型

6.2.1 激光点云

激光雷达测量系统通过对地面进行扫描，获取反射回来的激光点数据，因激光点数据呈星云状密集分布，所以形象地称之为激光点云（Point Cloud），如图6-10所示，意思是无数的点以测量的规则坐标在计算机里显现物体的结果。激光雷达系统的测量数据不仅包含目标点的X、Y、Z轴坐标信息，还包括物体反射强度等信息，这样全面且丰富的信息给人一种物体在计算机里真实再现的感觉，这是一般测量手段无法做到的。激光点云一般通过激光雷达测量系统对地面进行扫描来获取，但近几年近景摄影测量技术可以通过立体像对进行相对定向后生成点云。

图6-10　宁波天一阁激光点云图

激光雷达测量系统获取的激光点云数据可以大致分为以下类型：地表裸露点、树冠端点、树中端点、矮植被点、桥面点、水域点、建筑物点、噪点及其他未分类点等。激光雷达测量系统通过扫描获取具有一定分辨率的密集三维空间点来表达系统对目标物体表面的采样结果，优点是快速获得高密度、高精度的三维数字地面信息。有的激光雷达测量系统可以对发射的激光进行无数次回波接收，所以能获取非常详细和准确的激光点云。激光点云的点与点之间的相对误差是非常小的，达到可以忽略不计其误差的精度。获取的激光点云能完整地呈现地物的变化细节，直接对激光点云进行格网化即可以得到高精度的 DSM，对分类后的激光点云进行格网化就可以得到高精度的 DEM，通过同步获取的航摄像片或对激光点云进行 RGB 着色后能达到更形象、直观的效果。直接基于激光点云可以进行等高线生成、建模、土方计算、距离和面积量测等。

1. 激光雷达属性

激光雷达属性分为以下几类：强度、扫描角度等级、回波数、点分类、RGB（红、绿和蓝）值、GNSS 时间、扫描角度和扫描方向等，如表 6-1 所示。

表 6-1 激光雷达属性

激光雷达属性	定 义
强度	生成激光雷达点的激光脉冲的回波强度
扫描角度等级	发射的一个激光脉冲最多可以有五个回波，这取决于反射激光脉冲的要素以及用来采集数据的激光扫描仪的功能
回波数	回波数是某个给定脉冲的回波总数
点分类	每个经过后处理的激光雷达点可拥有定义反射激光雷达脉冲的对象的类型的分类。可将激光雷达点分成很多个类别，包括地面、裸露地表、冠层顶部和水域
RGB 值	可以将 RGB（红、绿和蓝）波段作为激光雷达数据的属性。此属性通常来自在激光雷达测量时采集的影像
GNSS 时间	从飞机发射激光点的 GNSS 时间戳。此时间以 GNSS 一周的秒数表示
扫描角度	扫描角度是 −90° 到 +90° 之间的值。在 0° 时，激光脉冲位于飞机正下方的最低点；在 −90° 时，激光脉冲在飞机的左侧；而在 +90° 时，激光脉冲在飞机的右侧，且与飞行方向相同。当前多数激光雷达系统的扫描角度都小于 ±30°
扫描方向	扫描方向是激光脉冲向外发射时激光扫描镜的行进方向。值 1 代表正扫描方向，而值 0 代表负扫描方向。正值表示扫描仪正从轨迹飞行方向的左侧移动到右侧，而负值则相反

2. 激光雷达点云密度

激光雷达点云密度是激光雷达点云数据的重要属性，反映了激光脚点空间分布的特点及密集程度，而激光脚点的空间分布直接反映了地物的空间分布状态和特点。一般认为，激光雷达点云密度的作用类似遥感影像的分辨率，点云密度越大，则能探测更微小目标。激光雷达点云密度涉及激光雷达技术的硬件制造、数据采集和数据处理及应用的整个链条，是激光雷达技术的关键指标。

（1）激光雷达设备生产商常以能获取更高密度的点云数据来体现其新型号设备的先进性。随着激光雷达硬件技术的发展，点云密度越来越高，能够更精确地描述地形地物的特征和规律。

（2）激光雷达数据获取也以点云密度为主要指标，围绕密度指标来设置航高、发射频率、扫描角度以及带宽等参数。

（3）评价数据质量时也常将点云密度作为重要指标。例如，在测绘行业规范中规定，只有达到相应点云密度才能生产对应比例尺的产品，很多激光雷达数据处理算法也对点云密度有要求。

6.2.2 数码影像

无论是车 / 机载激光雷达，还是地面三维激光扫描仪或背包三维激光扫描仪，通常都集成了高分辨率 CCD 相机，在采集激光点云数据的同时获取数码影像数据。数码影像具有连续、直观、易判读的特点，与离散的激光点云数据配合可以补充提供更详尽、丰富的空间信息。英国伦敦数码影像如图 6-11 所示。

图 6-11 英国伦敦数码影像

激光雷达设备搭载或内置的相机主要有两个功能：一是为点云提供真实纹理信息即制作彩色点云，二是提供该测区的正射影像。树林彩色点云效果如图 6-12 所示。

图 6-12 树林彩色点云效果

6.2.3 建筑物平、立、剖面图

建筑平面图（见图 6-13），又可简称平面图，是将新建建筑物或构筑物的墙、门窗、楼梯、地面及内部功能布局等建筑情况，以水平投影方法和相应的图例所组成的图纸，用一个假想的水平剖切平面沿略高于窗台的位置剖切房屋后，移去上面的部分，对剩下部分向 H 面做正投影，所得的水平剖面图。

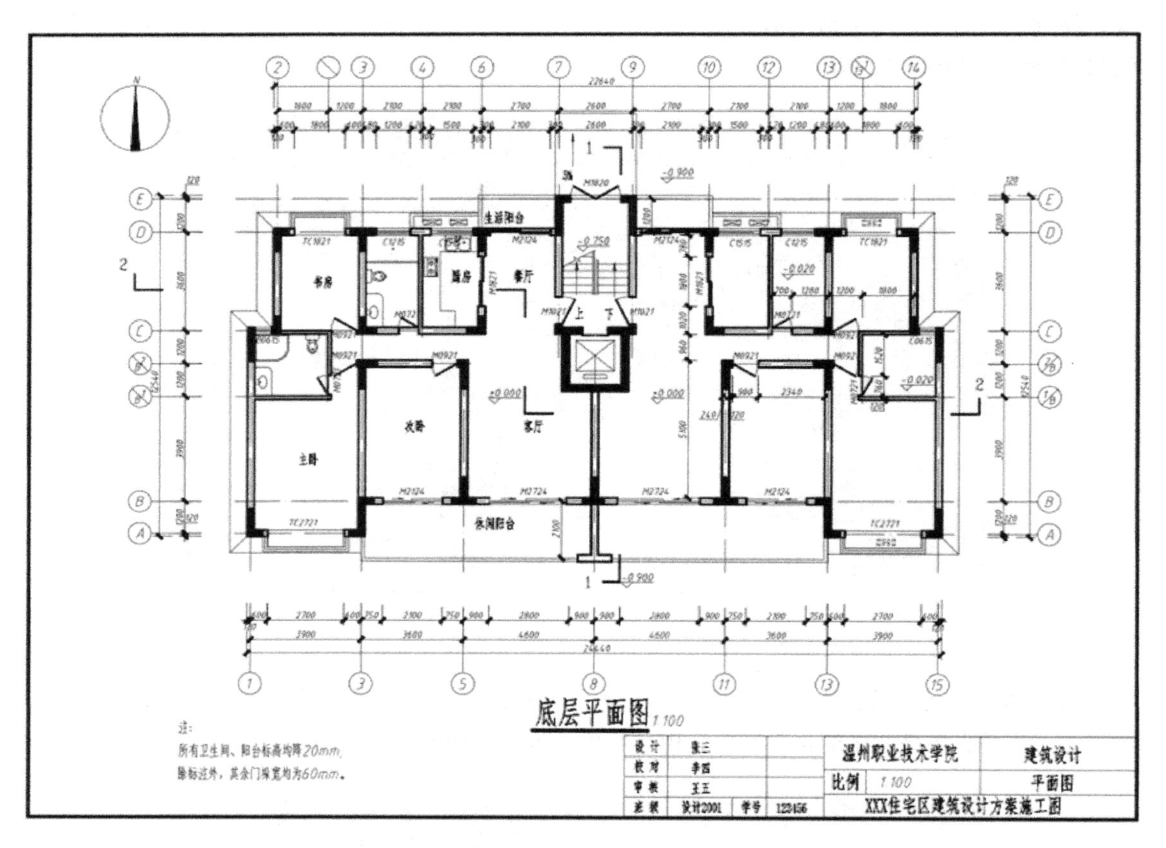

图 6-13　建筑平面图

建筑平面图作为建筑设计、施工图纸中的重要组成部分，它反映建筑物的功能需要、平面布局及其平面的构成关系，是决定建筑立面及内部结构的关键环节。

建筑平面图是新建建筑物施工及施工现场布置的重要依据，也是设计及规划给排水、强弱电、暖通设备等专业工程平面图和绘制管线综合图的依据。

建筑立面图（见图 6-14）是各个立面投影到铅直的与立面平行的投影面上而得到的正投影图。一般情况下，建筑立面图是对建筑物外貌的有效表现，并在此基础上对门窗、雨篷以及屋面等位置和形式实施全面反映，同时是对建筑装饰以及垂直方向高度的有效反映。

建筑剖面图（见图 6-15），是假想用一个或多个垂直于外墙轴线的铅垂剖切面，将房屋剖开，所得的投影图，简称剖面图。剖面图用以表示房屋内部的结构或构造形式、分层情况和各部位的联系、材料及其高度等，是与平面图、立面图相互配合的不可缺少的重要图样之一。

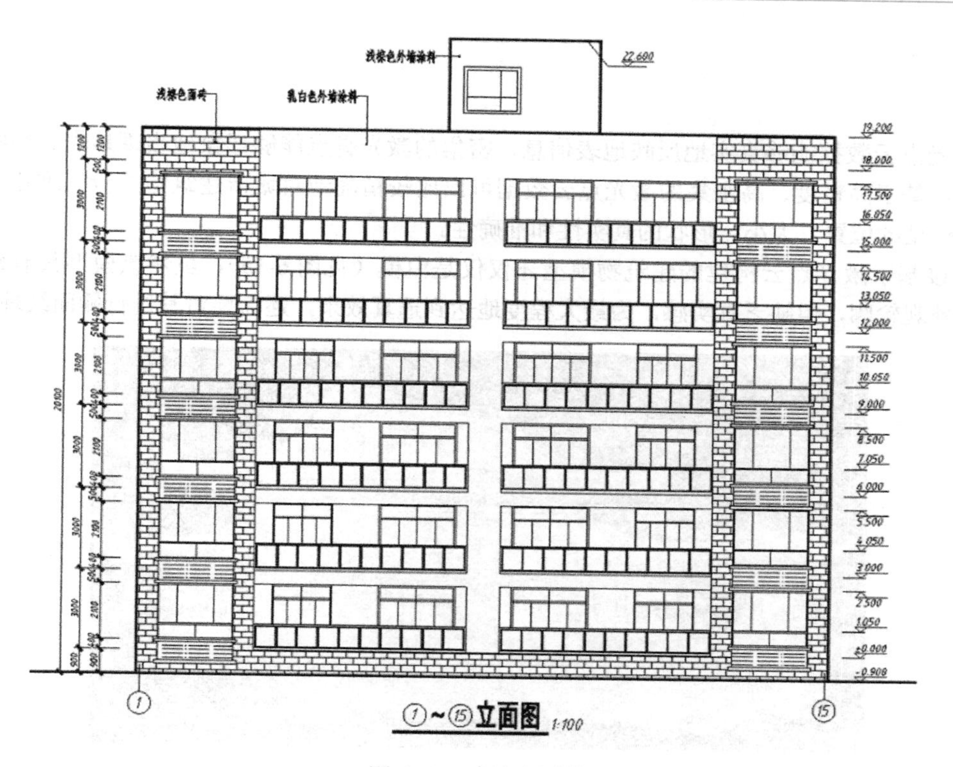

图 6-13　建筑立面图

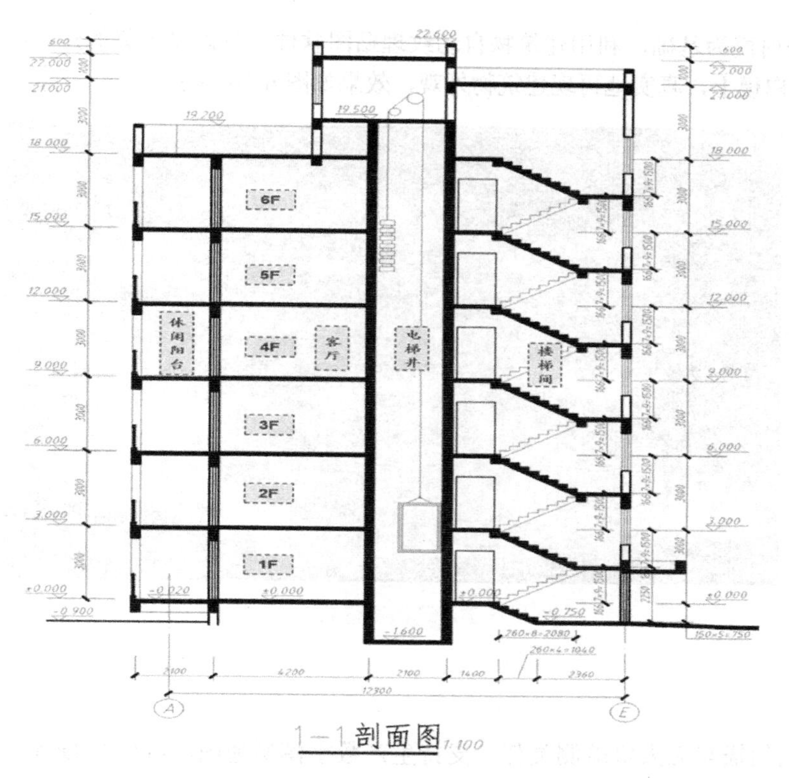

图 6-14　建筑剖面图

6.2.4 建筑物三维模型

激光点云数据能够真实地反映地表信息，密集的激光脚点能够形象地表现地表、地物、建筑物等，基于高精度、高密集的激光点云数据可以比较精确地对城市建筑物进行三维建模，并能确保模型的位置、大小、形状的真实性和准确性。

直接基于激光点云构建的建筑物模型还仅仅是白模（见图 6-15），虽然该模型具有建筑物的三维外观轮廓，但缺乏真实感，为最大程度地达到逼真效果，还需要对其进行侧面纹理贴图。

图 6-15 建筑物白模

以构建的白模为基础，利用建筑物自动纹理贴图软件，可以将采集的建筑物四个面的影像数据快速贴在白模上，真实地再现建筑物外观，效果如图 6-16 所示。

图 6-16 建筑物纹理贴图后效果

6.2.5 数字模型

三维激光扫描与无人机航测类似，支持生产数字模型地图，可生产 DSM、DEM、DOM、DLG 和 DRG 等地图产品。

6.3 南方测绘激光扫描产品

广州南方测绘科技股份有限公司（简称南方测绘），是一家集研发、制造、销售和技术服务于一体的测绘地理信息产业集团。业务范围涵盖测绘装备、卫星导航定位、无人机航测、激光雷达测量系统、精密测量系统、海洋测量系统、精密监测及精准位置服务、数据工程、地理信息软件系统及智慧城市应用等，致力于行业信息化和空间地理信息应用价值的提升。

6.3.1 SPL-1500 三维激光扫描仪设备组成

SPL-1500 作为南方测绘自主研发的第二代地面三维激光扫描测量系统，是目前国内体积最小的千米级架站式测绘三维激光扫描仪，汇聚了南方测绘数十年的光、机、电核心技术，以更高效的三维激光扫描系统，保证高精度测量。它拥有 1 500 m 超长测程，满足不同测程项目需求；200 万点每秒高速扫描能力，减少扫描时间的同时可获取更加丰富的地物信息；3 mm 的测距精度，保证获取的数据真实可靠；双 1 230 万像素内置相机，保证获取的纹理信息高清真实；内置 15°倾斜补偿，无须精确整平即可扫描，提高作业便捷性；主机质量仅 6 kg，适合单兵作业。

该扫描仪配合自主研发的引导式高效海量数据处理软件，实现了测绘成果的快速生成，降低了三维激光产品的价格及使用门槛，促进了三维激光等新型测绘装备的普及应用。SPL-1500 扫描仪简图如图 6-17 所示。

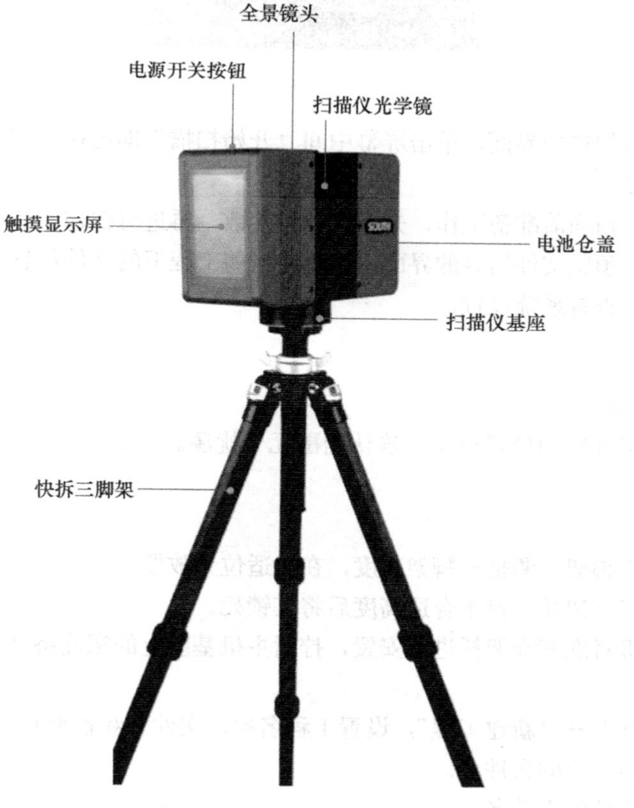

图 6-17　SPL-1500 扫描仪简图

6.3.2 SPL-1500 三维激光扫描仪作业流程

1. 菜单导航

SPL-1500 菜单导航如图 6-18 所示。

图 6-18 SPL-1500 菜单导航

（1）首页：执行扫描的界面，单击屏幕中间“开始扫描”即可执行扫描，下拉顶部导航栏，可查看目前扫描模式。

（2）参数设置：扫描前准备工作，先设置扫描参数，再进行扫描。

（3）文件预览：预览文件信息的界面，查看在当前工程下的文件信息。

（4）系统设置：查看系统设置。

2. 操作步骤

1）检查周围环境

建议在地势平坦开阔的位置设站，确认周围无干扰源。各扫描测站之间要求至少达到 30% 重叠率。

2）架设扫描仪

第一步：打开三脚架，调整三脚架高度，在合适位置放置。

第二步：升高三脚架托，置于合适高度后将其锁死。

第三步：将主机对准三脚架托进行安置，拧紧主机基座上的螺旋将其固定。

3）新建工程

进入“系统设置”→“新建工程”，设置工程名称、文件名和首编码（见图 6-19）。

工程名称：当前工程的文件名。

文件名：当前测站的文件名。

首编码：当前测站的数字编码。

例如，工程名称设置为 test，文件名设置为 a，首编码设置为 1，则本站开始扫描后的点云数据会保存在“test”文件夹中，以“a001”命名。若继续扫描第二站，则以“a002”记录，以此类推，注意各测站文件名不能同名。

4）选择应用场景

扫描仪提供几种固定模式的扫描模式应对不同场景（见图 6-20），同时也可以通过“新建场景”设置个性化扫描参数。

图 6-19 SPL-1500 新建工程　　图 6-20 SPL-1500 应用场景

3. 设置扫描参数

（1）扫描范围：可更改激光扫描仪扫描范围，建议默认 360°×300°全局扫描。

（2）倾角采集：选择开启，在扫描结束后记录倾角数据，用于纠正扫描仪放置不平带来的角度误差。

（3）相机：开启后在扫描结束后自动拍照，一共采集 38 张照片（顶部侧面各 19 张），用于点云赋色。

（4）进入“首页”，单击“开始扫描”，执行扫描指令。

（5）提示“扫描完成”后，单击“文件预览”查看数据完整性。SPL-1500 参数设置如图 6-21 所示。

4. 基于坐标转换的扫描

（1）架设扫描仪。

（2）将标靶纸 / 球放置在距离扫描仪 2.5 ～ 10 m 的位置处，要求放置的位置地势平坦开阔、无水面、无树木遮挡，标靶纸 / 球需要用胶带固定，防止外界环境变化引起偏移。

（3）单站坐标转换：在测站周围均匀放置 3 个及以上的标靶纸 / 球。

多站坐标转换：在测区范围内均匀放置 3 个及以上标靶纸 / 球。

（4）开始扫描。

（5）扫描完成后，用 RTK 进行标靶特征点采集，标靶纸需要对准棋盘格中心，标靶球需要对准地面球墩圆心。SPL-1500 标靶纸设置如图 6-22 所示。

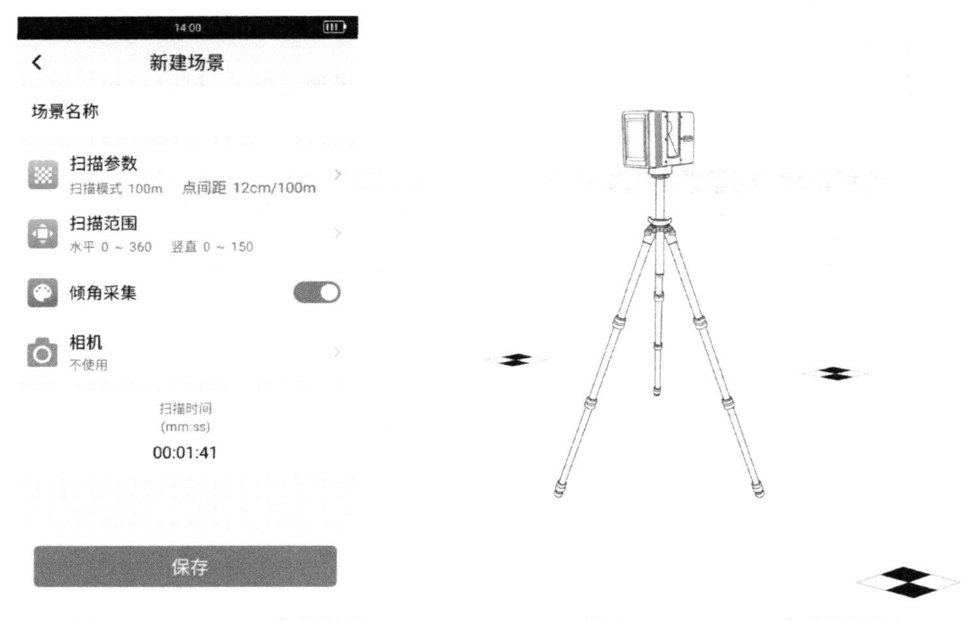

图 6-21 SPL-1500 参数设置　　图 6-22 SPL-1500 标靶纸设置

5. 设备技术参数

SPL-1500 设备技术参数如表 6-2 所示。

表 6-2 SPL-1500 设备技术参数

型　号	SPL-1500
工作原理	脉冲式
扫描范围	1.5 ～ 1 500 m
测距精度	3 mm@100 m
测量速度	200 万点 /s
角精度	0.001°（水平）/0.001°（垂直）
扫描现场	竖直 300° / 水平 360°
激光等级	1 级激光
激光波长	1 550 nm
光束发散角	0.3 mrad
通信接口	USB 3.0、外部电源、千兆以太网
数据存储	支持热插拔 USB 3.1U 盘（256 G）
相机	内置双 1 230 万像素相机
控制方式	5 寸 HD（720×1 280）触摸屏 通过 WLAN 连接，配合 PC/ 平板 / 手机进行远程控制

（续表）

型　号	SPL-1500	
传感器	双轴补偿	±15°、精度 0.008°
	高度计	内置
	温度计	内置
	电子罗盘	内置
	GNSS	内置支持 GPS（L1）和北斗（B1）
供电方式	电池或者外接电源（+24 ～ +36 V）	
平均功耗	25 W	
电池续航	4 h	
工作温度	−20 ～ +60 ℃	
存储温度	−35 ～ 70 ℃	
防护等级	IP64	
主机质量	6 kg（不包括电池和基座）	
尺寸	247 mm×107 mm×202 mm（包括基座）	

6.4　三维激光扫描数据采集

地面式三维激光扫描系统由地面式三维激光扫描仪、数码相机、后处理软件以及附属设备构成，它采取非接触式高速激光测距方式，快速获取地形或者复杂物体的几何图形数据和影像数据。最终由后处理软件对采集的点云数据和影像数据进行处理，转换成绝对坐标系中的空间位置坐标或模型，以多种不同的格式输出，满足空间信息数据库的数据源和不同应用的需要。地面式三维激光扫描系统作业流程分为外业数据采集、内业数据处理两个主要部分。

外业数据采集主要是基于地面式三维激光扫描对目标区域进行高效、高精度的非接触测量。外业数据采集是地面式三维激光扫描系统工作过程中的重要部分。

地面式三维激光扫描系统外业数据采集主要包括前期技术准备、现场踏勘、扫描站点选取及布设、标靶布设、数据采集、影像采集及其他信息采集等工作，如图 6-21 所示。

1．前期技术准备

前期技术准备应根据不同的任务需求做好任务实施规划，完成扫描环境现场踏勘，根据测量场景地形条件、复杂程度和对点云密度、数据精度的要求，确定扫描路线，布置扫描站点，确定扫描站数及扫描系统至扫描场景的距离，确定扫描密度等。

1）扫描准备

在进行三维激光扫描前，根据扫描需求收集扫描区域内已有的测绘信息，一般常用的有控制点数据、地形图、立面图等一系列数据，确保在扫描作业前全面地了解区域内的地形地貌信息及地表变化等，以便为地面式三维激光扫描频率、扫描点云质量和扫描角度等扫描参数的确定提供依据。

2）现场踏勘

为了确保三维激光扫描的数据采集工作正常进行，及获取被测物体表面完整、精准的三维坐标、反射率和纹理等信息，需组织现场踏勘，实地了解扫描区域现场的地形、地貌等状况，并核对已有资料的真实性和适用性。

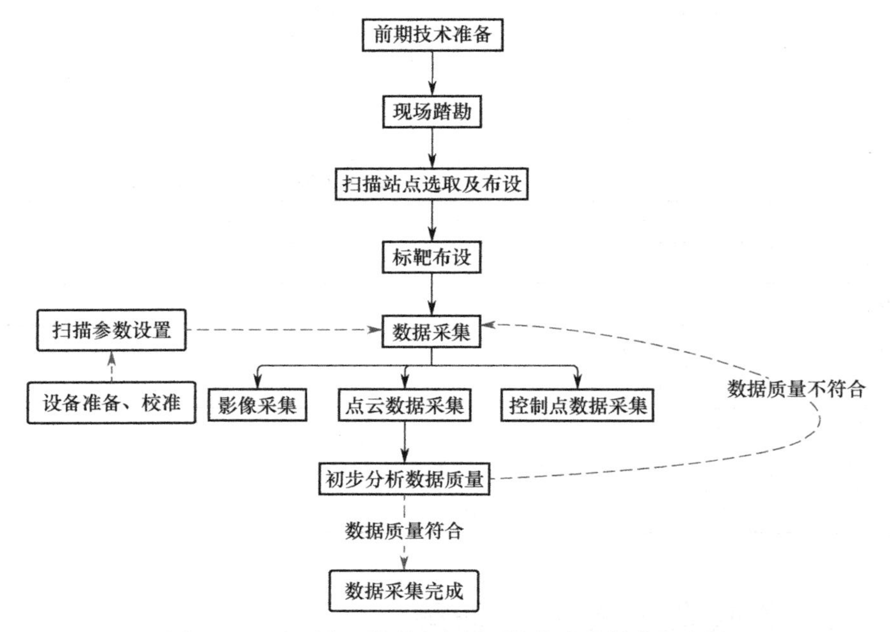

图 6-21 地面式三维激光扫描系统外业数据采集流程

任何扫描操作都是在特定的环境下进行的，对于地质工程领域的三维数据获取应用，工作场地一般为施工现场或者野外边坡等。因此，对于环境复杂、条件恶劣的场地，在扫描工作前一定要对场地进行详细的踏勘，对现场的地形、地貌等进行了解，对扫描物体目标的范围、规模、地形起伏做到心中有数，然后再根据调查情况对扫描的站点进行设计。

2．扫描站点选取及布设

1）扫描站点选取

由于被测物体多样且复杂，如古建筑、各类生产工厂、特殊艺术形式建筑等，在大多数情况下，只架设一个站点不能完全获取被测物体完整、高精度的三维点云数据。在实际外业数据采集过程中，通常需要布设多个站点对被测物体进行扫描采集，才能确保获取完整的物体表面数据。数据最终应能满足《地面三维激光扫描工程应用技术规程》（T/CECS 790—2020）等的精度要求。

2）扫描站点布设

扫描站点的布设需要平衡好数据的完整性与数据拼接精度，这意味着应合理布设站点，以尽可能获取最完整的点云数据。这不仅提高了工作效率，甚至能满足毫米级点云拼接精度要求。

由于被测物体各不相同，在进行扫描站点布设时，站点数目、站点位置、站点间距的确定除了要考虑被测物体现场实际地形，还需考虑不同型号的扫描仪测距和精度要求。同时，站点应尽量布设在地势平坦稳定、四周开阔、通视条件好的地方。

3．标靶布设

通过地面式三维激光扫描系统获取的海量点云数据，需要纳入指定的测量坐标系后才能用于工程测量、古迹保护、建筑规划、数字城市等。因此，在外业数据采集扫描场景中难以找到合适特征点时，一般采用标靶辅助采集。标靶主要是为外业数据采集提供明显、易识别的公共点，在三维激光扫描数据后处理中作为公共点用于坐标转换，是定位和定向的参数标志。在外业采集过程中，常见的标靶有两种，即平面标靶和球形标靶。

平面标靶（见图 6-22）一般是由两种对激光回波反差强烈的颜色 2×2 交替分布组成的。这两种对激光回波反差强烈的颜色一般为黑、白色，因为白色对激光有强反射性而黑色易于吸收激光能量产生弱反射性，且黑、白色呈 2 × 2 交替分布，从而使平面标靶靶心明显、易识别。

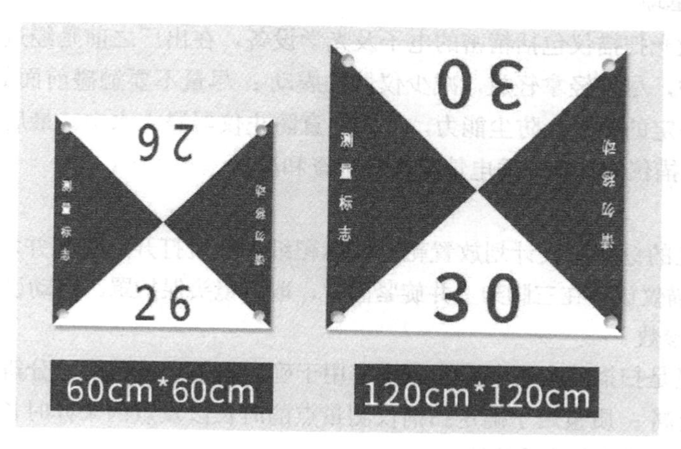

图 6-22 平面标靶示意图

球形标靶（见图 6-23）为规则对称的球形，通常称之为“标靶球”。其表面一般采用高强度 PVC 材料，防雨、防磨、防摔，且可以使扫描仪在更远的距离仍能采集到球体表面数据。标靶球规则对称的几何特点，可以在任意、不同站点扫描都能获得同一标靶球的半个表面点云数据，即任意、不同站点上扫描的球心位置是固定的，故标靶球非常适用于具有转折或不规则物体的点云拼接扫描。但由于标靶球的几何中心无法通过其他手段进行量测，因此标靶球不适用于地面式三维激光扫描坐标转换。

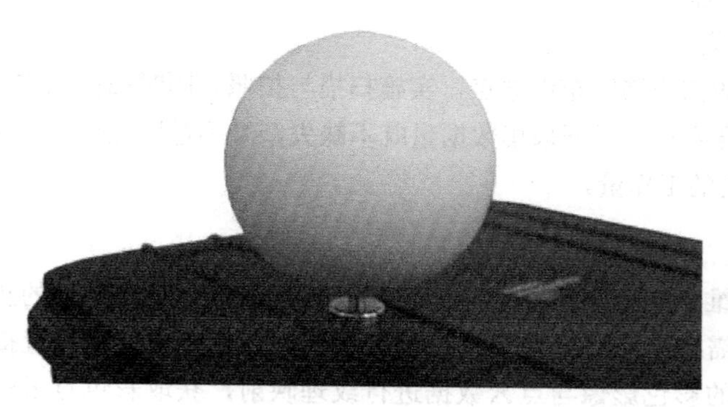

图 6-23 球形标靶示意图

标靶布设是外业采集至关重要的环节。标靶布设不仅要考虑其布设的合理性，而且要保证同名标靶点的通视条件。

在执行扫描任务过程中，必须考虑许多因素，如扫描仪架设位置、扫描范围内设置标靶数目，标靶放置位置、方位和所需的成果资料精度。对于使用标靶的扫描，3 个标靶为最基本的要求，在某些时候标靶也可以用建筑物转角等特征点或扫描机位点代替，建立水平面位置和空间方位。

4. 数据采集

三维激光扫描仪数据采集主要用于获取点云数据、影像数据，这些原始数据一并存储在特定的工程文件中。另外，可通过全站仪、RTK 等获取控制点数据。

1）使用注意事项

首先，三维激光扫描仪包括精密的电子及光学设备，在出厂之前是经过精密调校的，因此在运输搬运过程中，尽量轻拿轻放，减少仪器的震动；尽量不要触碰前面的扫描窗口。其次，仪器本身虽具有一定的防水、防尘能力，但要注意防止仪器浸入水中。最后，在设备开始数据采集前应对激光扫描仪的外观、通电情况进行检查和测试。

2）扫前准备

根据预先设定的标靶布设计划放置靶球或标靶纸，然后打开三脚架并水平放置（圆水准气泡居中），再将扫描仪放置在三脚架上并旋紧固定，取下镜头保护罩，启动设备，新建项目。

3）设置扫描参数

分辨率与质量是扫描的主要参数。分辨率用于确定扫描点的密度，分辨率越高，图像越清晰，细节细度也越高；质量用于确定扫描仪测量点的时长以及点的采样时长，质量越高，噪声越小或者多余的不需要的点数量就越少。

在现场外业数据采集过程中，尽可能将扫描采样间距偏小设计，即增加各测站间的重叠度，以便后期信息提取。但也不是越小越好，因为越小的扫描采样间距在同等扫描面积情况下，其获取的点云数据量越大，需要的时间越长，过大的数据量可能导致软件难以处理或超出其计算处理能力，增大了后期数据处理的难度。一般情况是数据后期处理时间要远远大于现场数据采集时间。因此并不是数据采集得越多越好，正确的方法是根据扫描目的在采样间距与扫描时间之间取得一个平衡，既要保证数据能反映足够的细节信息，又要减少现场扫描时间，也就是尽可能让扫描间距更合理。

4）点云数据采集

根据预先设定的扫描路线布设站点，实施扫描与拍照。同时扫描完成后还需现场初步分析数据的质量是否符合要求，保证采集数据量既不缺失，又不过度冗余，尽量避免二次测量和数据处理中产生不必要的工作量。

5. 影像采集

由于地面式三维激光扫描仪获取的三维点云数据只包含被测物体的灰度值，想要获取点云的彩色信息，则需要三维激光扫描仪扫描时通过内置相机或配置外置摄像机采集相应彩色影像，将被测物体的彩色影像与点云数据进行纹理映射，获取彩色点云信息。彩色点云数据能更直观、全面地反映物体的表面细节，对识别道路标志物、评价地质信息、测量产状、提取地物特征等具有重要意义。地面式三维激光扫描仪搭载相机可分为内置和外置相机。内置相机安装在扫描仪内部，固定焦距，不可变焦，但其获取的影像能自动映射到被测物体的空间位置和点云上。

思政链接

刘先林院士：一生只干一件事 测绘装备中国造

他满头银发、一身简朴，一生潜心科研。他是甘为人梯、淡泊名利的大国工匠，一张旧书桌，一坐就是四十五年。他更是扛鼎测绘装备国产化的国家脊梁，以“不达目的，誓不罢休”的决心和勇气，让国产测绘装备开始走向世界。他就是中国工程院院士、中国测绘科学研究院名誉院长刘先林（见图 6-24）。

图 6-24　刘先林院士工作中

1962 年，刘先林从武汉测绘学院毕业，被分配到原国家测绘总局测绘科学研究所。一无现成图纸，二无参考资料，三无资金支持。刘先林带领团队从零起步，不畏强手，想国家所想，急国家所急，开拓出一条引领测绘装备国产化的创新之路。

如今，耄耋之年的刘先林院士依然奋战在科研第一线，为国产测绘装备的发展出谋划策。自主创新何其难，但更难的是把科研成果推向市场，转化为现实生产力。在刘先林院士眼中，技术创新不是为了著书立说，而是为了将科研成果转化为现实生产力，能够在国家的发展中发挥作用。

在智慧城市即将到来的时代，更精细、精确、精准的测绘新需求不断涌现，测绘行业正迎来全新的发展机遇。国产测绘仪器能否抓住机遇赶超世界先进水平，刘先林院士对年轻一代的测绘科技工作者充满期待。他说：“现在，我们年轻测绘工作者一定要学习一些高新技术，比如云计算、大数据、人工智能、深度学习等。掌握了新技术才能够迎接这样的浪潮，才能够把我们的这些成果推向全社会，只有掌握了新技术才能够把传统、古老的测绘行业推向全社会对地理信息产品的新需求、新要求。”

刘先林院士对科研创新的不懈追求与他对生活的淡泊形成了鲜明的对照，他平易近人、博学严谨的人格像一盏明亮的航灯，为年轻一代的测绘工作者照亮着前进的方向，也让我们真正感受到爱国、创新、求实、奉献、协同、育人的中国科学家精神。

课后思考与练习

1. 简述地面式激光雷达的外业作业流程。
2. 简述激光雷达的优点。
3. 简述激光雷达的缺点。
4. 激光扫描成果类型有哪些？
5. 什么是激光点云？
6. 简述南方测绘 SPL-1500 三维激光扫描仪的应用范围。

微课视频

参考文献

[1] 全国地理信息标准化技术委员会．1∶500、1∶1 000、1∶2 000 外业数字测图规程：GB/T 14912—2017[S]．北京：中国标准出版社，2017.

[2] 自然资源部．基础地理信息要素分类与代码：GB/T 13923—2022[S]．北京：中国标准出版社，2022.

[3] 全国地理信息标准化技术委员会．国家基本比例尺地图图式 第一部分：1∶500、1∶1 000、1∶2 000 地形图图式：GB/T 20257.1—2017[S]．北京：中国标准出版社，2017.

[4] 全国地理信息标准化技术委员会．1∶500、1∶1 000、1∶2 000 地形图数字化规范：GB/T 17160—2008[S]．北京：中国标准出版社，2008.

[5] 国家测绘局．全球导航卫星系统实时动态测量（RTK）技术规范：CH/T 2009—2010[S]．北京：中国测绘出版社，2010.

[6] 王正荣，邹时林．数字测图 [M]．郑州：黄河水利出版社，2012.

[7] 张保民，张晓东，卢满堂，等．工程测量技术 [M]．北京：中国水利水电出版社，2012.

[8] 明东权．数字测图 [M]．武汉：武汉大学出版社，2013.

[9] 孙茂存，张蓉．水利工程测量 [M]．武汉：武汉理工大学出版社，2013.

[10] 鲁纯，张慧慧，潭立萍．建筑工程测量 [M]．西安：西北工业大学出版社，2013.

[11] 景铎，高明晖．建筑工程测量 [M]．北京：北京大学出版社，2013.

[12] 张敬伟，建筑工程测量 [M]．郑州：黄河水利出版社，2014.

[13] 李社生，李宗波．建筑工程测量 [M]．2 版．大连：大连理工大学出版社，2014.

[14] 唐均，王虎．数字测图实用教程 [M]．成都：西南交通大学出版社，2015.

[15] 张养安．建筑工程测量 [M]．北京：中国石油大学出版社，2015.

[16] 万刚，余旭初，布树辉，等．无人机测绘技术与应用 [M]．北京：测绘出版社，2015.

[17] 张养安．建筑工程测量 [M]．北京：中国石油大学出版社，2015.

[18] 周建郑．建筑工程测量 [M]．3 版．北京：化学工业出版社，2015.

[19] 耿文燕．建筑工程测量 [M]．北京：人民邮电出版社，2015.

[20] 徐兴彬，刘永生．工程测量与实训 [M]．湖南：中南大学出版社，2016.

[21] 王佩军，徐亚明．摄影测量学 [M]．武汉：武汉大学出版社，2016.

[22] 段延松，曹辉，王玥．航空摄影测量内业 [M]．武汉：武汉大学出版社，2017.

[23] 徐芳，邓非．数字摄影测量学基础 [M]．武汉：武汉大学出版社，2017.

[24] 段延松．无人机测绘生产 [M]．武汉：武汉大学出版社，2018.

[25] 刘庆东，杨波．工程测量技术 [M]．北京：中国电力出版社，2018.

[26] 王晏民，黄明，王国利，等．地面激光雷达与摄影测量三维重建 [M]．北京：科学出版社，2018.

[27] 吴献文．无人机测绘技术基础 [M]．北京：北京交通大学出版社，2019.

[28] 刘含海．无人机航测技术与应用 [M]．北京：机械工业出版社，2020.